당근

유기재배

당근
유기재배

초판인쇄 2012년 11월 30일
초판발행 2012년 11월 30일

책임진행 농촌진흥청 농촌지원국 김성일 · 이현학 · 김근영
엮은이 국립농업과학원 강충길 · 김민정 · 김용기 · 남홍식 · 박광래 · 박종호 · 박흥경 · 심창기 · 안난희 · 이민호 ·
　　　　　 이병모 · 이상민 · 이상범 · 이연 · 이용기 · 이지현 · 조정래 · 지형진 · 최현석 · 한은정 · 홍성준
　　　　　 국립식량과학원 권영석

펴낸이 채종준
디자인 곽유정 · 박능원
편집 남미화 · 김소영
펴낸곳 한국학술정보(주)
주소 경기도 파주시 문발동 파주출판문화정보산업단지 513-5
전화 031-908-3181 (대표)
팩스 031-908-3189
홈페이지 http://ebook.kstudy.com
E-mail 출판사업부 publish@kstudy.com
등록 제일산-115호(2000.6.19)

ISBN 978-89-268-3857-0 93520 (Paper Book)
　　　　 978-89-268-3858-7 95520 (e-Book)

이담
Books 는 한국학술정보(주)의 지식실용서 브랜드입니다.

당근
유기재배

목 차

Part 01

●

현
황

Ⅰ. 유기농 인증 기준과 표시

• 유기농 당근이란 유기농 인증 기준에 따라 인증을 받은 농가에서 생산된 당근을 말하며, 생산된 제품에는 유기농산물 인증마크를 표시한다.

표 1. 유기농산물의 기준과 표시

인증 기준	유기합성농약과 화학비료를 사용하지 않고 재배한 농산물 (전환기간: 다년생 작물은 3년, 그 외 작물은 2년)		
인증마크 및 표 시	 기존 로고	 새로운 로고	– 유기농산물, 유기축산물 또는 유기○○ (○○는 농산물의 일반적 명칭으로 한다) – 예: 유기재배 당근 – 기존 로고는 2013년까지 병행사용

Ⅱ. 유기재배 현황과 시장

1. 유기재배 현황

• 채소류의 유기인증 생산량은 '99년 이후 꾸준히 증가하고 있는 추

세이며, '11년도에는 전체 유기농 채소 생산량 58,685톤의 7.1%에 해당하는 4,170톤이 생산되었다.

- '11년 유기인증을 받은 당근 재배농가는 881농가이고 재배면적은 93ha로 전국 당근 재배면적(2,849ha)의 3.3%에 해당된다. 유기 재배 인증농가의 재배면적은 약 0.1ha로 다른 작물에 비해 규모가 적은 편이다.
- '11년 우리나라 전체 당근 재배면적은 2,849ha로 '06년 3,266ha에 비해 13% 정도 축소되었다.
- 지역별 재배면직은 아래 그림과 같이 제주도(59.7%)가 가장 많으며, 대부분이 밭에서 재배되고 있다(통계청, '11).

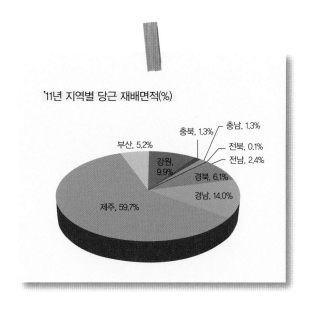

'11년 지역별 당근 재배면적(%)

2. 유기농 당근 시장

✚ 유통 현황

- 유기농 당근의 유통가격은 '05년 이후 꾸준히 증가하고 있는 추세이며, 다음 그림과 같이 관행재배 당근에 비해 시기에 따라 37~137% 더 높고 평균 70.8%가 높았다.

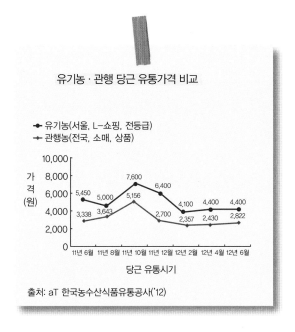

유기농·관행 당근 유통가격 비교

출처: aT 한국농수산식품유통공사('12)

- 일반 당근 유통비용은 '10년 기준, 가격의 75.1%를 차지하였고, 이는 엽근채류 평균 유통비용 68.7%보다 높은 것으로 유통비용 중 대부분이 소매단계(49.9%)에 할애되었다.
- 농민들의 이익 수취율은 유통가격의 24.9%로 엽근채류의 평균

31.3% 이하였다(aT 한국농수산식품유통공사, '10).

✚ 수 · 출입 현황

- '11년 국내 당근 생산량은 93,704톤이었으며 수출량은 59톤, 수입 량은 96,339톤으로 국내 소비량이 국내 생산량의 약 202.7%로 국 내 수요가 생산량보다 많았다(aT 한국농수산식품유통공사, '11).

Part 02

•

특성 및 품종

I. 특 성

1. 영양 식품적 특성

- 당근은 미나리과에 속하는 1년생 채소로 항암 효과를 가지는 베타카로틴 등 영양소가 풍부하면서도 저렴하고 손쉽게 구할 수 있는 특징이 있다.

- 일반적으로 수분 함량이 90%에 달하고 과당, 설탕, 포도당 등의 당분을 함유하고 있으며 식이섬유 외에 베타카로틴, 비타민 B, C와 소량의 철분, 칼슘, 인 등을 함유하고 있다.

- 식품 중 당근에 가장 많이 들어 있는 베타카로틴은 몸속에서 비타민 A로 전환되는 물질로서 생당근에서 100g당 18.3mg이 함유되어 있으며 항암, 노화 억제, 항산화 효과가 있는 것으로 알려져 있다.

- 유기농 생산체계에서는 관행보다 양분 투입량이 절제되어 있는 반면, 식물체 내에서 생산되는 지방, 탄수화물, 비타민 C와 2차 대사산물의 양은 유기농이 일반재배 채소보다 10~20% 더 많으며, 이러한 유기농 채소를 섭취할 경우 암과 심장혈관 질환을 3~6% 감소시키는 효과가 있다(van't Veer *et al.*, '00).

2. 형태적 특성

✚ 종자

- 종자는 과피와 종피가 밀착하고, 과실에 해당한다.
- 종자는 갈색의 평평한 타원형이고 털로 덮여 있다. 과실은 성숙하면 두 개로 나누어져 각각 1개의 종자가 된다.
- 중량은 털을 제거한 상태로 290~340g/L 이다.
- 크기는 10~18mesh로 다양하다.

✚ 잎

- 잎은 뿌리에서 생기고 추대 후는 줄기에 착생한다.
- 짧은 줄기에 다수의 우상복엽상으로 분열하고, 안토시아닌이 착생하는 품종도 있어 품종의 분류기준이 되기도 한다.
- 발아시에는 자엽 2매가 전개되고 그 후에 본엽이 전개되는데, 파종 후 2개월 정도이면 10매 내외가 된다.
- 엽중의 증가는 파종 후 50일까지 급속히 증가되고, 110일경에 최대가 된다.

✚ 뿌리

- 뿌리는 넓고 깊게 분포하는데, 발아 후 60~90일경이 최성기로서 폭 1~1.5m, 깊이 1.3~1.8m에 이른다.
- 굵은 뿌리(주근)는 발아 30일 후부터 비대하기 시작하여 70일 후가 되면 비대가 최성기에 달한다.
- 지하 부위는 파종 후 40~50일경에 세포분열에 의해 길이가 정해지고 세포 비대에 의해 뿌리의 길이와 중량이 110일경까지는 증가한다.

- 목부가 비대된 것이 중심부이고 사부가 비대된 것이 육부인데 카로틴 함량의 결정은 특히 사부의 세포 중에 많다.

3. 생리 생태적 특성

✚ 온도와 일장

- 발아온도는 4~30℃ 범위이나 적온은 15~25℃이며 35℃ 이상에서는 발아하지 않는다.
- 지상부의 생육은 3~28℃ 범위이지만 적온은 18~21℃이고 28℃ 이상에서는 생육하지 않는다.
- 근중 증가의 적온은 20℃이며 이 온도보다 높으면 비대가 불량하고 표피가 거칠게 된다.
- 카로틴의 생성은 16~21℃에서 가장 좋고, 12℃ 이하의 저온에서는 착색이 저해되며, 7℃ 이하에서 착색되지 않는다.
- 뿌리의 착색은 발아 후 70~100일경에 착색이 피크가 되고 그 후는 일정 함유율이 된다.
- 어느 정도 자란 포기가 4.5~15℃에서 25~60일간 저온에 접하게 되면 꽃눈이 분화되어 추대가 된다.

✚ 수분

- 토양수분은 본잎 2매까지와 본잎 4~6매 때 이 두 시기가 가장 필요한 때이다.
- 뿌리의 생육에는 토양용수량(土壤容水量)의 70~80%가 좋고 줄기잎(莖葉)의 생장에는 이보다 더 높은 것이 좋다.

- 수분함량이 많으면 표피(表皮)가 거칠어지고, 뿌리썩음병이 생기며, 뿌리가 옆으로 커진다.
- 건조하게 되면 근의 신장, 비대, 착색이 저해되고 뿌리에 가랑이가 많이 생기며, 30% 이하가 되면 생육이 안 된다.
- 불규칙한 수분 관리는 표피가 거칠어지고 뿌리가 갈라지는 원인이 된다.

✚ 토양

- 당근은 여러 가지 토양에서 재배가 되나 비옥한 사질양토가 가장 좋다.
- 뿌리의 착색 정도는 사질토에서, 높은 이랑에서 보다 잘되며 수분 공급이 불규칙적일 때는 뿌리의 표면이 거칠어진다.
- 토양 적응성은 넓은 편이며 pH 5.3~7.0의 범위에서 생육할 수 있으나 최적은 pH 6.0~6.6이다.
- 산성 경향이 될수록 생육은 떨어지고, pH 5.3 이하가 되면 바깥 잎(外葉)이 누렇게 되며, 본잎 3~4매 때 생육이 대단히 억제된다.

Ⅱ. 품종

1. 유기재배를 위한 당근 품종 선택 기준

- 양분이 많지 않고 지효성인 유기농 토양관리 체계에서 잘 자라고 뿌리의 비대가 좋은 품종을 선택해야 한다.
- 이상적인 품종은 크기·색깔 등 품질이 균일하고, 수확량이 많으며 병해충에 대한 저항력이 강하고 지상부 생육이 빨라 잡초를 덮어버려야 한다.
- 재배기간 동안 당근이 동일한 모양과 크기로 자라며 뿌리 터짐 등 생리장해의 발생이 적은 품종이 좋다.
- 지상부가 강하여 쓰러지는 것을 방지하고 기계적 수확이 가능한 품종이 좋다.
- 유기농 재배지 당근은 관행보다 전체적으로 뿌리 직경이 작고 뿌리형태가 가늘었으나, 봄재배 시 '베타리치(사카다)' 품종이 추대율과 추근성은 낮고, 수량과 상품성이 높아 유기농 당근 봄 재배에 적합하며, 여름 재배에는 '홍미5촌' 당근이 크기가 균일하여 상품성이 좋아 유기농재배에 적합하다(강릉원주대학교, '06).
- '봄마지'는 수량성이 좋고 품질이 우수하나 흰가루병에 약해 봄 하우스 재배보다는 노지 재배에 적합하고, '홍심5촌'은 흰가루병에 강하여 수량은 높으나 추대에 둔감하여 봄 하우스 재배에 적합하다(강릉원주대학교, '07).

2. 주요 품종의 특성

- 현재까지 국내에서는 유기농업에 적합한 품종연구는 아직 시작 단계이므로 유기농 당근 종자를 구하기가 쉽지 않다.
- 유기농 당근 종자를 구할 수 없는 경우에는 GMO가 아니며 종자소독이 처리되지 않은 일반종자를 이용할 수 있다.
- 그러나 대부분의 유기채소 재배농가에서 유기종자를 구할 수 없었기 때문에 예외조항이 있어 화학적으로 소독된 종자를 사용하는 실정이다.

✛ 당근 품종의 분류

- 당근 품종은 여러 가지 기준에서 분류가 가능하다. 품종의 근원에 따라 유럽계와 동양계로 분류할 수 있고, 당근 뿌리형태에 따라 원형, 계란형, 원추형, 원통형, 세장형, 미니당근으로 분류가 가능하며, 색깔에 따라서 주황색, 노랑색, 보라색, 흰색, 적색 당근으로 나눌 수 있다. 국내의 경우 재배 작형에 적응되는 여부에 따라 겨울 작형(시설 작형), 봄 작형, 여름 작형, 가을 작형 품종으로 나눌 수 있으며 목적에 맞는 품종을 재배하는 것이 좋다.
  여기서는 당근 모양에 따른 품종에 대해 설명하도록 한다.

- **원형**
  - 당근 근형이 짧아 모양이 원형에 가까운 품종으로 국내에서는 수입 품종의 일부가 이 계통군에 속한다. 재배 시 수확량이 적어 상업적 재배는 어려우나 장식용 및 요리 등 특수 목적에 사용되므로 유럽 등 일부지역에서 재배가 되고 있다.

- **계란형**
  - 국내에서는 거의 재배가 이루어지지 않는 품종이다. 과거 3촌 당근으로 불리어지기도 하였으나 근형이 짧아 수확량이 적은 단점이 있다. 그러나 추대성에 강하여 품종 육종 소재로 많이 이용되기도 한다.

- **원추형**
  - 국내에서 가장 많이 재배되는 형태이다. 뿌리 길이는 5촌당근 이라는 명칭처럼 20cm 내외로 어깨가 약간 굵고 뿌리 쪽으로 내려오면서 가늘어지는 형태이다. 뿌리 끝은 뾰족한 것에서부터 둥근 형태로 다양하게 있으나 뿌리 끝이 둥글게 맺히는 형태를 선호한다. 현재 재배되고 있는 품종의 대부분이 여기에 속하며, 품종에 따라 추대성, 고온 및 저온 비대성 등에 차이가 있으므로 목적하는 작형에 따라 품종 선택을 달리 하여야 한다.

- **원통형**
  - 당근의 모양이 원통형으로 뿌리의 어깨부터 뿌리까지 일자형 (H)이다. Danver 군에서 유래하여 발달하였으며 유럽 품종 중 Nantes 형들이 이 품종에 속한다. 근형 특성상 수확량이 많으며 최근 국내에서도 재배가 많이 이루어지고 있다.

- **세장형**
  - 국내에는 재배가 이루어지지 않고 있는 형태로 뿌리가 가늘고 30~50cm 정도로 길다. 과거에는 저장성이 약하고 당근 특유의 냄새가 많아 생식용으로 부적당 하였으나 지금은 개량되어 생식용 및 가공용으로 주로 미국이나 유럽에서 많이 재배되고 있는 품종이다. 뿌리가 길어 수량이 많으나 인력으로 수확이 곤란한 결점이 있어 기계 수확이 발달된 지역에서 재배가 많다.

뿌리가 길어 토심이 좋은 곳에서 재배하여야 한다.

- 미니당근(Baby Carrot)
  - 품종군의 명칭에서도 알 수 있듯이 당근 뿌리가 가늘고 짧은 형태로 크기가 작은 형태의 당근이다. 수확까지 기간이 70~80일로 빨리 수확하는 장점이 있고 육질 등 품질이 우수하다. 그러나 개체의 크기가 작다 보니 재식밀도를 높여도 전체적인 수확량이 적은 단점이 있다. 국내에서도 수입품종 등 일부가 도입되어 판매되고 있다.

✚ 품종 선택 시 고려사항

- 국내에서 국립종자원에 생산·판매를 위해 신고된 당근 품종수는 286품종(12. 3. 31.)으로 매우 많다. 그러나 같은 품종이 종묘회사만 다르게 등록된 것이 많고, 과거 품종이 많아 보급이 되지 않는 품종도 많으므로 현재 품종이 유통되고 있는지 유무를 확인하고, 품종을 선택할 때에는 재배 적응지역이나 재배상의 유의사항을 표시하고 있으므로 자신의 재배조건에 부합하는지 고려하여 선택한다.
- 재배 지역
  - 기후, 토질, 경사도, 포장의 위치 등을 고려하여 선택한다.
- 재배 작형
  - 하우스 재배: 초기에 내한성이 강해야 하고 추대에 안정적인 품종을 선택한다.
  - 봄 재배: 조기 파종을 위해 멀칭재배를 하므로 저온발아성이 강하고 추대가 안정적이며, 장마가 오기 전에 수확이 가능한 품종을 선택한다.

- 고랭지 재배: 생육초기 저온의 영향으로 추대의 위험이 있으므로 추대성이 강해야 하고 뿌리 비대기가 여름철이므로 고온에서 비대가 좋으며 병에 강한 품종을 선택한다.
- 가을 재배: 여름 고온기에 파종이 되므로 고온 발아성 및 초기에 고온에 강한 품종을 선택한다.
- 월동 재배: 제주도 지역에서 주로 재배하는 작형으로 가을재배와 비슷하나 월동 후 추근성이 약한 품종을 선택한다.

• **재배 목적**
- 형태: 국내 당근 대부분이 생식용이고 재배 품종도 동양계 품종이 주로 재배되고 있으나, 최근에는 유럽계통의 원통형 당근도 일부 재배되고 있다.
- 색깔: 국내 당근 대부분은 근피가 주황색이나 노랑색, 보라색도 일부 보급되고 있다.
- 크기: 미니당근도 도입되어 재배되고 있으며, 재배기간이 짧고 재식거리도 좁아 재배 방법 자체가 다르다.
- 숙기: 이른 출하를 목적으로 할 경우에는 조생종이 좋고, 저장을 목적으로 할 경우에는 만생종이 유리하다.

Part 03

•

재
배

관
리

Ⅰ. 채소 유기재배 일반원칙

➕ 유기적 시스템

- 유기농 당근 재배 시 다른 채소류(감자, 양파, 배추 등)를 함께 생산하고 토양 관리를 위해 녹비작물을 이용할 수 있다.

➕ 패쇄적 시스템

- 농장 내에서 재생 가능한 자원을 이용하여 외부 자재의 투입을 줄인다.
- 생물순환과 다른 생물 상호작용들이 외부 화학 투입자재를 대체할 수 있다는 전제를 갖는다.

➕ 지속가능한 윤작

- 집중적인 채소생산 시 토양비옥도를 유지하고 병·해충·잡초의 발생을 최소화하기 위해 다양한 작물을 이용한 윤작이 필요하다.
- 윤작 시 동일하거나 비슷한 종의 이용은 다섯 가지 작물을 이용한 윤작체계 안에서 두 번 이상 포함시키지 않는다.
- 3년 중 적어도 한 번은 녹비작물로서 콩과 작물이나 화본과 작물을 포함시켜야 하며, 퇴비를 충분히 시용하여 토양의 비옥도와 구조가 양호한 경우에는 예외로 한다.

➕ 건강한 식물은 건전한 토양에서부터

- 적절한 유기물과 부식량, 입단구조, 근권 발달 등이 유기농 채소 생산을 위한 필수 요소이다.
- 식물은 토양 생태계를 통해 양분을 흡수하므로 유기농업 체계에서

양분을 보존하고 순환하는 것이 중요하다.

✚ 생물 작용

- 유기농 시스템은 기본적으로 지상부와 지하부의 생물적 시스템으로 구성되므로 병·해충·잡초 방제를 위해 이들의 균형을 유지하기 위해서는 자연적 생물작용을 유지하도록 해야 한다.
- 병·해충·잡초의 예방적 방제 방법은 다음과 같다.
  - 작물의 종과 품종의 선택
  - 적절한 윤작
  - 혼작
  - 멀칭과 예초
  - 화염 방사를 이용한 잡초 제거
  - 생물적 방제와 유용천적의 서식처 유지
  - 트랩, 방벽, 광선, 소리 및 페로몬 등을 이용한 물리적 방제

✚ 화학 처리제의 유입 방지

- 관행재배지에서 처리된 화학 처리제가 유기농재배지로 이동되지 않도록 이들 사이에 완충지를 설치하는 것이 필요할 수 있다.
- 과거 화학물질 사용에 의한 토양 내 화학물질 잔류량의 검정이 필요하고, 이웃농가에서 화학물질 처리여부를 알아야 한다.

✚ 관개수 관리

- 관개 방법은 지하수 문제와 양분 용탈, 염분 증가 등의 문제를 줄이기 위해 적절히 계획, 관리 및 모니터링이 되어야 한다.

✚ 환경의 보호와 공존

- 유기농장의 내부와 외부 모두에서 생물다양성을 유지하는 것이 중요하므로, 식물들의 서식처를 보존해야 한다.
- 농업활동으로 인한 오염이나 토양 붕괴를 피해야 하고 재생가능하지 않은 자원의 사용은 최소화해야 한다.

✚ 수확 후 저장과 가공

- 수확 후 유기농 채소의 오염을 막기 위해 관행농산물과 분리된 저장고에 보관한다.
- 수확 후 처리제나 포장재들은 유기농 기준에 부합되어야 한다.

II. 재배 관리 요령

- 우리나라에서는 주로 4개 작형으로 나누며 가을파종 작형이 적응
  이 가장 잘되어 국내 재배면적의 60%를 차지한다.
- 여름 재배는 해발 600m 이상의 고랭지에서 늦여름부터 수확하고,
  하우스 및 터널 무가온 재배는 12~1월에 파종하여 5월경에 수확한다.

표 1. 재배 작형과 알맞은 품종

작 형	파종기	수확기	품 종	지 역
가을 재배	7~8월	10~11월	신흑전, 양면, 시그마, 참조은, 비바리, 혹전, 베니스타, 예브니, 하루방, 하파, CA01, CA02, 대복여름, 웰빙, 뉴만복, 베타리치, 베니골드, 골드리치, 베이비, 베니탑, 노랑속당근, 일출, 뉴톤, 나이젤, 뉴구로다골드, 홍심, 여름	전 국
노지활동 재배	7~8월	1~2월		제 주
봄 재배	3~4월	6~7월	시그마, 베니킹, 싱싱, 춘홍, 부러운, 베타리치, 베니골드, 골드리치, 베이비, 소천, 뉴톤, 나이젤, 선홍봄, KI-618, T-춘시	전 국
고랭지 재배	4~5월	8~10월	시그마, 명주5촌, 베니킹, 베니스타, 후레쉬 A, 후레쉬 B, 조은, 무쌍, 싱싱, 춘홍, 슈퍼봄맞이, 슈퍼베타, 베타리치, 베니골드, 골드리치, 베이비, 소천, 무패, 오일공, 뉴톤, 나이젤, KI-618, T-춘시	해발 600m 이상

※ 본 품종은 일반 품종으로 유기재배 품종은 아니므로 재배 시 참고

출처: 표준영농교본('06)

1. 재배 지역

- 당근은 28℃ 이상의 고온에서는 생육이 정지하므로 평지에서는 여
  름철 재배가 불가능하다.

2. 본포 준비

- 당근은 뿌리가 길게 뻗는 작물이므로 최소한 20cm 이상 깊이갈이를 하여 뿌리가 자랄 수 있는 공간을 확보한다.
- 유기물을 충분히 투여하여 토양 완충능력을 높인다.
- 토양검정을 실시한 후 적절한 양의 완숙퇴비와 석회석을 파종 1개월 이상 전에 밭 전체에 골고루 살포한 후 초벌갈이를 경토 30cm 이상 깊게 한다.
- 토양 양분 분석 결과와 당근 표준시비량(Part 04의 표 3)을 참고하여 부족한 양분은 유기질 비료를 이용하여 보충한다.

3. 씨 뿌리기

✛ 방법

- 파종하기 전에 깊이 갈고 충분히 쇄토한 후 파종한다.
- 발아율을 높이기 위해 파종 후 짚이나 왕겨 등으로 피복하여 지온을 내려주는 방법도 있으나 노동력이 많이 소요되므로 관수시설을 설치하여 관수하는 것이 좋다.
- 재배관리 및 상품성 향상을 위해 높은 이랑 줄뿌림(이랑너비 90cm, 주간 15cm, 4줄)이 흩뿌리기보다 좋고 종자도 절약할 수 있다.

✛ 뿌리는 양

- 산파 줄뿌림의 경우 2L/10a가 소요되며 기계파종을 하면 2/3 수준의 종자를 절약할 수 있다.

- 복토는 0.5~1.5cm가 적당하며, 점질토에서는 5mm, 건조토양에서는 1~1.5cm 복토하는 것이 좋다.
- 점질토양에서는 떡잎이 흙을 뚫지 못해 고사하는 경우가 있고, 화산회토에서는 기계를 이용해 적당한 진압을 겸한 복토를 해주면 수분보유를 증진시켜 이상적이다.

4. 온도와 수분 관리

- 당근의 품질과 수량에 가장 중요한 요인은 발아를 빠르고 균일하게 하는 것이다.
- 수분, 온도, 광 등이 발아에 영향을 미치며 당근 생육 시 최적 온도는 다음 (표 2)와 같다.
- 당근의 발아 최적 토양 수분은 60% 정도이나 물속에서도 발아하고 건조한 토양에서는 발아가 심하게 불량하며 생육이 고르지 못하다.
- 당근은 본잎이 2~3매일 때 저온에 감응하면 꽃눈이 분화되고 고온장일 조건이 되면 추대한다.
- 7~8월의 기온이 착색적온을 넘어서는 고온기이기 때문에 착색이 불량해지므로 온도 관리를 착색 및 비대에 좋은 조건으로 관리하는 것이 중요하다.

표 2. 당근 생육시기별 온도조건

구 분	최저온도(℃)	적정온도(℃)	최고온도(℃)	비 고
발아기	8	15~25	30	
생육기	3	18~21	28	
뿌리착색기	12	16~21	–	
꽃눈분화기	–	10	–	고온장일 조건

출처: 당근 표준영농교본('06)

표 3. 당근 종자 발아와 온도와의 관계

구 분	8℃	11℃	25℃	30℃
발아시(일)	25	16	8	5
발아중(일)	41	23	17	8
발아율(%)	58	56	60	54

출처: 당근 표준영농교본('06)

5. 본포 관리

✚ 솎음

- 솎음작업은 3회 정도 하는 것이 이상적이나 노동력이 많이 소요되므로 1~2회 실시하는 것이 경제적이다.
- 잎 색이 짙고 지나치게 생육이 왕성하거나 저조한 것, 뿌리 윗부분이 많이 노출된 것, 병해충의 피해를 입은 것 등을 우선 솎아주고 흙으로 성토해 주는 것이 좋다.

표 4. 솎아주기 기준

횟 수	본잎 수(개)	포기 사이(cm)	파종 후 일수(일)
1	2~3	5~6	30~40
2	4~5	9~12	40~50
3	6~7	15	

✚ 제초

- 가급적 생육 초기부터 철저히 제초작업을 하는 것이 좋다.
- 높은 이랑 재배의 경우 기계화 제초가 확산되고 있으며 경운기 이용 시에는 4조식, 트랙터 이용 시에는 8조식으로 파종하며 되도록 인력을 이용한다.

✚ 토양 및 양분 관리

- 당근은 토양 적응 범위가 넓은 편이나 비옥한 사질토가 가장 적합하다.
- pH는 5.5~6.5 사이가 가장 적당하다.
- 사질토는 밑거름보다는 웃거름 위주의 양분 공급을 하는 것이 생육 및 다수확에 유리하다.
- Part 04의 표 3 참고

✚ 수분 관리

- 40~60일까지가 생육 중 가장 중요한 시기로 수분이 건조한 경우 생육이 늦어지므로 최적 수분을 유지하도록 관리한다.
- 당근의 최적 토양 수분함량은 포장용수량의 70~80%이다.
- 70일(본잎 약 8매) 이후에는 토양수분을 약간 적게 관리하며 이때 토양수분이 많을 경우 당근의 뿌리색이 옅어지고 갈라지거나 표면이 거칠어진다.

✚ 온도 관리

- 생육초기에는 기온과 지온을 높여 양수분의 흡수를 촉진시켜 지상부의 생육을 최대한 촉진시키고 당근 비대가 시작되면 온도를 내려 광합성 산물의 지하부로의 이동을 촉진하도록 관리한다.

표 5. 생육단계

시 기	기 간	비 고
발아기	7~10일(여름) 15~30일(겨울)	
초기생육기	20~30일	• 세포분열 왕성
뿌리형성기	30~50일	• 수분을 가장 많이 필요
뿌리비대기	50~110일	• 양분 흡수량이 가장 많음
수확기	110일째~수확	

III. 재배 작형별 관리 사항

1. 가을·노지 월동 재배

+ 특징

- 재배 관리가 쉽고 품질이 우수하며 수량이 많다.
- 파종시기의 범위가 넓다.
- 수확기간이 길어 안정된 출하가 가능하고 생산비가 적게 든다.
- 뿌리의 비대와 색이 좋아 상품성과 상품률이 높다.
- 추대가 안정되고 병해에 의한 감소요인이 적어 생산이 안정적이다.

+ 재배 지역

- 겨울 추위가 일찍 오는 고랭지를 제외하고 전국 어디에서나 재배가 가능하다.
- 11월 중순경부터 수확을 시작하므로 날씨가 비교적 따뜻한 지역이 좋다.
- 충남 및 제주도 지역에서 많이 재배되고 있는 작형이다.

+ 품종

- 파종기와 유묘기가 여름이므로 더위에 견디는 힘이 강한 품종을 선택한다.
- 제주지역에서는 월동 후 수확을 위해서는 봄에 새 뿌리의 발생이 늦을수록 수확기간이 길어 좋다.

✚ 시기

- 가뭄과 태풍으로 초기 입모에 어려움이 있을 수 있으므로 장마가 끝난 후 파종하는 것이 바람직하다.
- 제주 지역은 7월부터 파종이 가능하나 9월 상순까지가 파종 한계 시기이다.

✚ 온도와 수분 관리

- 가을 및 월동 재배에서는 파종 후 5일에 발아가 시작되고 7일 정도에 완료된다.

2. 봄 재배

✚ 재배 지역

- 전국 어디서나 가능하다.
- 봄에 당근 발아에는 10℃ 정도의 온도가 필요하며 조기에 파종하기 위해서는 비닐멀칭이 필요하다.
- 생육중기 이후에는 고온으로 각종 병해가 우려되어 수확기가 늦지 않도록 한다.

✚ 씨 뿌리기

- **품종**
  - 추대가 늦은 품종을 선택한다.

- 시기
  - 당근의 발아 최적온도는 15~25℃ 정도이며 발아 후 본잎이 3매 이상일 때 저온이 오면 꽃눈이 분화되어 추대할 염려가 있다.
  - 건조기에 파종할 경우 발아율이 불량하므로 이에 유의한다.
- 방법
  - 120cm 이랑에 4줄씩 파종한다.
- 뿌리는 양
  - 보통 10a당 1.5L를 기준으로 하며 인력 파종하는 경우나 포장여건이 좋지 않은 경우 뿌리는 양을 늘린다.
- 관수
  - 파종기인 3월은 건조한 시기로 장기간 가뭄이 지속될 경우 발아가 불량해지므로 입모율 향상을 위해서 파종 후 발아할 때까지 스프링클러를 이용해 관수하면 좋다.
  - 스프링클러 이용이 어려운 경우 차광망으로 포장을 덮은 후 발아가 된 후 제거하는 방법을 쓰기도 한다.
  - 차광망은 조기에 제거하면 발아율 및 입모율이 나빠지고, 너무 늦을 경우 발아된 당근 묘가 차광망을 뚫고 올라와 차광망을 제거할 때에 당근과 함께 뽑히는 경우가 있으므로 주의한다.
  - 인위적으로 물주기가 가능한 포장에서는 주기적으로 물을 주고, 적은 양을 자주 주는 것보다는 한 번에 충분한 양을 주는 것이 당근 생육에 좋다.

✚ 온도 관리
- 봄 재배의 경우 파종 시 기온과 지온이 낮아 발아에 많은 시간이 소요될 수 있으므로 조기 출하를 목적으로 지나치게 파종시기를

앞당기지 말아야 한다.

- 발아 후 잎이 3매 정도 무렵에 12~13℃ 이하 저온이 장기간 지속 되면 꽃눈분화가 일어나 추대되어 상품성이 떨어진다.
- 6월에 뿌리의 비대 및 착생이 이루어지므로 생육초기에 기온과 지온을 높여 양수분의 흡수를 촉진시켜 지상부위 생육을 최대한 촉진 시킨 후 당근 비대가 시작될 무렵부터 온도를 내려 광합성 산물의 지하부 이동을 촉진시키도록 관리하는 것이 좋다.

표 6. 생육기간 중 지온과 뿌리 모양

온 도	13~14℃	16~18℃	28℃
뿌리 모양	길 다	알맞다	짧 다

3. 고랭지 재배

✚ 재배 지역

- 표고 600m 정도의 고랭지에서만 재배가 가능하며 표고가 이보다 낮을 경우는 파종시기를 조절하여 재배하여야 한다.
- 주로 강원도가 주산지이며 남부 고랭지에서도 일부 재배되고 있다.

✚ 파종

• 품종

- 초기 생육시 저온의 영향으로 추대의 위험이 있어 추대에 안정적인 품종을 선택한다.
- 고온시기에 근 비대가 이루어지므로 고온에서 근비대가 양호한

품종을 선택한다.
- **시기**
  - 고랭지의 서리가 끝날 무렵이 적기이며, 대관령은 5월 하순이 적기이다.
- **파종량**
  - 실제 포장에서 발아율이 10~30%로 저하되기도 하므로 종자 소요량은 1.5~2L/10a 이상이 적당하며 파종 전 발아능력을 알아보는 것이 중요하다.

표 7. 재식밀도에 의한 수량 및 품질

재식거리(cm)	뿌리 무게(g)	뿌리 길이(cm)	수량(kg/10a)	상품률(%)
20×6	64.8	9.9	1,551	17.3
20×9	75.7	10.4	1,413	22.4
20×12	107.9	11.5	1,322	29.8

✚ 온도 관리
- 여름철 고온으로 인한 생육 적온을 넘어서는 경우가 많으므로 품종 선택 시 고온에서도 비대가 양호한 품종을 선택하는 것이 중요하다.
- 조기 수확을 목적으로 지나치게 조기에 파종할 경우 저온에 의한 발아불량 및 이상 기후에 의한 추대가 많이 발생한다.
- 고랭지에서는 해에 따라 기후이상으로 추대의 발생이 많아지므로 이 점을 유의하여 추대성이 강한 품종을 선택하는 것이 중요하다.

4. 하우스 및 터널 재배

✚ 재배 지역
- 부산지역을 중심으로 비교적 따뜻한 지역에서 발달하였으나 경북 등 내륙지역에서도 재배가 가능하다.
- 한낮의 터널 내 고온과 생육후기 시설 내 고온에 주의하고 터널 재배는 노지와 같은 방식으로 재배한다.

✚ 본밭 준비
- 시설 내에서 재배가 이루어지므로 미리 깊이갈이 한 후 트랙터 부착 두둑 성형기를 이용해 두둑을 높게 만든다.
- 이랑의 너비는 120cm를 기준으로 포장 여건에 따라 조절한다.
- 퇴비 및 석회를 파종 1개월 전에 미리 처리한 후 경운한다.
- 인산질과 유기질 비료는 전량 밑거름으로 주고, 질소와 칼륨 및 유기질 비료는 밑거름 및 웃거름으로 나누어 사용한다.
- 시설재배 시 특히 염류장해 및 가스피해가 우려되므로 양분원을 투입한 후 경운하여 가스 피해가 없도록 한다.
- 시설 재배 및 터널 재배의 경우에는 토양선충 피해가 우려된다.

✚ 씨 뿌리기
- **품종**
  - 조생 단근종이 알맞고 저온기에 파종 및 초기 생육이 이루어지므로 추대성, 내한성 품종이 필요하다.
- **시기**
  - 파종 시기는 12~2월까지의 겨울철이므로 발아까지 많은 시간

이 소요되어 세심한 관리가 필요하다.

- **방법**
  - 골을 만든 후 골에 파종을 하고 복토를 함께 한다.
  - 과거에는 손 파종을 한 반면, 근래에는 롤러식 기계파종이 널리 이용되고 있다.
  - 파종 후에 멀칭용 백색 투명 비닐로 이랑을 멀칭하면 수분이 유지되고 보온효과가 있어 발아가 촉진되고 균일하게 발아된다.

- **뿌리는 양**
  - 알맞은 양: 10a당 2~3L

✚ **본포 관리**

- **솎음작업**
  - 당근이 발아되면 멀칭비닐을 제거하고 솎음작업을 실시한다.
  - 이때 비닐을 완전히 제거하는 것이 아니라 터널을 만들어 지속적으로 보온한다.
  - 비닐을 제거한 후 수분의 급격한 변화로 식물체가 생육장해를 받을 우려가 있으므로 주의한다.
  - 수확 전 1개월경에 북을 주어 지상부 뿌리가 보이지 않게 한다.

- **온도 관리**
  - 인위적인 온도관리와 환기 등을 실시한다.
  - 파종 후 발아 시까지 적정 발아온도(15~25℃)를 유지한다.
  - 야간에 보온이 필요하고 주간에도 발아에 필요한 온도를 높게 관리하는 것이 좋다.
  - 온도가 10℃ 이하로 내려가지 않게 관리하는 것이 중요하다.
  - 조기 출하를 위해 지나치게 빨리 파종할 경우 발아에 많은 시간

이 소요되고 추대할 염려가 있어 적기에 파종하여 재배한다.

- 파종 후 생육이 시작되는 3월부터 온도가 점차 상승하는 시기이므로 터널 내의 환기가 중요하다.
- 이를 위해 터널에 환기구멍을 뚫어 관리하며 기온이 상승함에 따라 환기구의 수도 늘리고 크기도 크게 한다.
- 해에 따라 기후이상으로 추대 발생률이 많아지므로 추대성이 강한 품종을 선택한다.

· **양분 관리**
- 토양 검정을 실시한 후 필요한 양만큼의 양분을 계산하여 처리한다.
- 연작재배 시 염류집적 등의 피해가 우려되므로 과다 시비를 주의한다.
- 양분은 포장여건, 재배목적 등에 따라 가감하여 준다(표준시비량, Part 04의 표 3 참고).

· **수분 관리**
- 관수방법은 분수호스, 스프링클러 등을 이용한다.
- 이랑(통로)에 직접 관수하는 방법이 있으며, 이는 다른 시설 설치가 필요치 않고 한꺼번에 충분한 양의 물을 줄 수 있어 농가에서 선호하는 방법이다.
- 터널을 제거한 후부터는 일반 노지 당근과 같은 방법으로 관리한다.

Part 04

•

토양 관리

I. 유기농 토양 관리의 목표와 원칙

➕ 유기농 토양 관리의 목표

- 토양의 생태학적 건전성과 유기농업 생산의 지속성을 유지하는 데 있다.

➕ 유기농 토양 관리의 원칙

- 영농활동을 통한 환경적, 생태적 교란 최소화
- 농업생태계 내의 자원 활용을 통한 순환기능 강화
- 농업생태계의 생물학적 다양성 유지 및 증진
- 토양 및 양분의 유실 방지
- 토양 비옥도 유지 또는 증진

➕ 토양 관리 방법

- 유기재배지 토양 관리 방법은 토양의 특성에 따라 달라지며 일반적으로 다음을 포함한다.
    - 윤작, 간작 등을 포함한 작부체계 실천
    - 녹비작물 및 피복작물 재배
    - 작물 수확 후 남은 식물체(작물잔사)의 순환
    - 유기농·축 부산물을 활용한 유기물 공급
    - 재배적 방법을 통한 토양보존 및 토양오염 관리
    - 기타 허용자재를 이용한 토양 및 양분관리
    - ※ 미생물, 동식물을 원료로 제조된 허용자재는 보조적으로 이용

Ⅱ. 토양 준비

1. 당근 유기재배에 적합한 토양의 물리성

- 당근은 토양 적용범위가 넓은 편이나 사질 양토가 가장 적합하다.
- 토양은 부서지기 쉬운 성질이어야 하며 돌 등 다른 물리적 장해물이 없어야 당근 뿌리가 길고 곧게 자란다.
- 토양 용수량은 70~80%에서 뿌리 생육이 좋고 건조한 땅에서는 뿌리 생육이 나쁘다.
- 수분공급이 불규칙적일 때 뿌리 표면이 거칠어지며, 토양의 건습 차이가 심한 곳은 뿌리가 터질 수 있으므로 재배를 피한다.

표 1. 당근 재배지에 적합한 토양의 물리성

지 형	경사도	토 성	토 심	배수성
평탄지~곡간지	0~7%	양토~식양토	100cm 이상	양호~약간 양호

출처: 농촌진흥청. 작물별 시비처방기준('10)

2. 당근 유기재배에 적합한 토양의 화학성

- 당근은 양분을 많이 필요로 하는 작물 중 하나이다.
- 양분공급에 앞서 기본적으로 토양을 검정한 결과를 토대로 토양 양분관리계획을 세운다.
- ※ 시군 농업기술센터에서 토양검정 후 시비량을 추천받으면 된다.

표 2. 당근 재배지에 적합한 토양의 화학성

pH (1:5)	유기물 (%)	Av.P_2O_5 (mg/kg)	치환성 양이온(cmol$^+$/kg)			CEC (cmol$^+$/kg)	EC (dS/m)
			K	Ca	Mg		
6.0~6.5	2.0~3.0	250~350	0.55~0.65	5.0~6.0	1.5~2.0	10~15	2이하

출처: 농촌진흥청, 작물별 시비처방기준('10)

3. 양분공급량

- 당근재배의 표준시비량은 (표 3)과 같으나 유기농업에서는 화학비료를 사용할 수 없으므로 녹비 및 허용자재를 통하여 필요 양분의 양을 조절하여 시용한다.
- 표준시비량은 농경지의 대표 토양에 대하여 설정된 평균 시비량이므로 재배 포장의 토양을 검정하여 양분요구량을 결정하는 토양검정시비량이 더욱 권장하는 방법이다.
- 질소가 과다하게 공급될 경우 지상부의 생육이 왕성하여 병해에 취약하며, 오히려 뿌리의 비대가 불량해질 수 있다.
- 인산은 생육초기에 흡수가 빠르기 때문에 부족하지 않도록 관리하여야 뿌리의 발달을 촉진시킬 수 있다.
- 칼리흡수는 근비대가 시작되는 생육 중후반기에 급속히 증가한다.
- 미숙한 돈분 및 계분을 사용할 경우는 가랑이 당근이 발생하므로 완전히 부숙시켜 시용한다.

표 3. 노지재배(점파) 시 당근의 표준시비량   (성분량: kg/10a)

구 분	질 소(N)	인 산(p)	칼 리(K)
평난지	20.0	9.6	12.2
준고랭지 및 고랭지	18.0	4.0	7.4

※ 퇴구비 시용량은 퇴구비 중 가장 많이 함유된 성분을 기준으로 하여 표준시비량 또는 토양검정시비량만큼 시용하고 부족한 성분은 허용자재를 이용하여 보충한다.

Ⅲ. 토양유기물 관리

1. 토양유기물의 기능

- **물리적 기능**
  - 보수력 증가, 입단 형성, 공극률 증가, 지온 상승, 토양 유실 및 침식 방지
- **화학적 기능**
  - CEC 및 보비력 증가, 완충능 증대, 인산유효도 증가, 양분가용화
- **토양미생물학적 기능**
  - 미생물 활성 증진, 호르몬·비타민 등 생육촉진물질 공급

2. 유기자원의 C/N율(탄질률)

- C/N율 : 볏짚 67, 알팔파 13, 미생물 8, 부식산 58, 토양 10
- 유기물의 C/N율이 높은 경우 미생물과의 질소경합으로 작물의 질소결핍이 초래되는 질소기아 현상이 발생하지만 C/N율이 낮은 경우 질소의 무기화가 촉진된다.
- C/N율이 낮은 헤어리베치 녹비 및 유기질비료의 경우 양분공급효과가 우수하였다(국립농업과학원, '04).

3. 토양유기물 유지 방법

- 녹비 및 양질의 유기물(퇴구비)을 적절하게 사용하고 작물잔사는 반드시 토양에 환원한다.
- 윤작을 실천하고 멀칭 또는 피복작물을 재배하며 초생 또는 등고 선재배 등으로 토양침식을 방지하고 토양유기물을 보존한다.
- 석회를 시용하여 토양산도를 교정하고 과다한 경운을 피한다.

Ⅳ. 녹비작물 이용

1. 녹비작물의 효과

✚ 토양 물리성 개선

- 토양의 입단화를 촉진하여 토양개량효과를 높인다.
- 녹비를 공급함으로써 토양의 통기성, 보수력을 좋게 한다.

✚ 토양 화학성 개선

- 토양에 섞인 녹비작물은 미생물에 의해 분해되어 부식되고 작물양분을 보유할 수 있는 능력이 증대된다.
- 과잉염류를 녹비작물이 흡수하여 추출함으로써 염류집적을 방지한다.
- 콩과 녹비작물은 근균류의 활동으로 공기 중의 질소를 고정하여

토양을 비옥하게 한다.

✚ 토양 생물성 개선

- 토양미생물 활성이 촉진되어 미생물의 다양성 및 밀도가 증가한다.
- 녹비의 셀룰로스, 리그닌, 펙틴 등을 분해하는 유용미생물이 늘어난다.
- 녹비작물을 윤작체계에 도입하면 기지현상이 예방되고 선충 및 토양병해 등 특정 병원균의 증식을 억제하는 효과가 있다.

✚ 기타

- 녹비작물은 푸른 들과 아름다운 꽃을 제공하여 주위의 경관을 좋게 해준다.
- 녹비작물이 표토를 피복하여 토양유실 및 침식을 예방할 수 있다.
- 녹비작물이 타감물질(Allelochemical)을 분비하고, 토양 전면을 덮어 표토 피복률을 증가시킴으로써 잡초의 발생을 억제한다.
- 십자화과 녹비작물의 경우 토양 병해충에 대해 생물훈증(Bio-fumigation)[1] 효과를 갖는다.

2. 녹비작물의 활용 요령

- 특정 지역과 시기에 가장 잘 자라는 작물 및 품종을 우선 이용한다.

---

1 십자화과 등의 식물이 토양 내에서 분해되는 과정에서 발생하는 성분이 토양 병해충에 대한 억제효과를 보이는 사례가 있으며, 이러한 작물들을 이용해 토양을 훈증하는 방법이다.

- 녹비작물은 개화 직전에 체내 영양분이 최대가 되므로 이때 갈아엎는 것이 이상적이지만, 당근 재배시기를 고려하여 결정한다.

  ※ 헤어리베치 : 5월 상순~중순, 호밀 : 출수기 이전

- 녹비의 토양 환원 전에 석회석, 천연석고, 가용성 인광석, 퇴비와 미생물제 등을 처리할 수 있다.

- C/N율이 높은 화본과 녹비작물의 경우 가급적 잘게 잘라 갈아엎을수록 환원 후 분해가 빠르다.

- 녹비가 분해되기 시작하면 양분 손실을 최소화하기 위해 즉시 주 작물을 심는다.

- 토양에 환원된 녹비가 무기화 과정을 시작하기 위해서는 녹비작물별 C/N율에 따라 차이는 있으나 따뜻한 지역은 적어도 2주, 온도가 낮은 지역은 4주 정도의 기간이 필요하다.

- 콩과 녹비작물은 습해에 약하므로 배수가 불량한 토양에서는 배수로 정비를 철저히 해야 한다.

표 4. 주요 녹비작물의 재배적 특징

작 물	호 밀	자운영	헤어리베치	크로탈라리아
파종시기	10월 이후	9월	8월~9월	5월~8월
월동형	동계 월동	동계 월동	동계 월동	하계
내한성	강	약	강	약
재배 가능지역	전 국	대전 이남	전국	전 국
내습성	중	중	약	중
분해속도	느 림	중 간	빠 름	빠 름
녹비효과	물리성 개선	미생물상 개선 및 질소 공급	미생물상 개선 및 질소 공급	선충방지 및 질소 공급

3. 녹비작물의 종류

＋ 콩과 작물

- 헤어리베치, 자운영, 클로버, 크로탈라리아(네마장황, 네마황) 등
- 공중질소를 고정함으로써 질소성분을 공급하는 최선의 방법이다.
- 분해가 빨라 후작물이 양분을 쉽게 이용할 수 있다.

＋ 화본과 작물

- 호밀, 수단그라스, 보리 등
- 양분흡수 능력이 뛰어나 시설재배 염류집적지 토양양분 조절에 효과적이다.
- 환원 가능한 유기물이 많아 토양유기물 함량을 증가시키고 토양의 물리성 개선효과가 크다.

＋ 십자화과 작물

- 갓, 유채 등
- 녹비효과와 토양병원균 및 토양유래 해충의 제어를 위한 생물훈증 효과가 있다.

갓

유 채

4. 주요 녹비작물의 이용

✛ 헤어리베치(털갈퀴덩굴)

- **특성**
  - 헤어리베치를 녹비로 토양에 환원할 경우 상당량의 질소를 충당할 수 있다(질소 성분량 : 약 20kg/10a).
  - 배수가 양호한 사토~사양토에서 생육이 좋으며, 습해에 약하여 식질계 토양에서는 생육이 불량하다.
  - C/N율이 10 정도로 낮아 분해속도가 빠르다.
  - 내한성과 건조에 견디는 힘이 강하다.
  - 토양유실방지 및 잡초발생 억제효과가 커서 피복작물로 활용성이 크다.
  - 봄철에는 보라색의 꽃이 아름다워 경관작물로 좋다.

- **파종기**
  - 적정 파종기는 9월 상순~10월 상순(남부지방)이며, 최소한 10월 상순까지는 파종하여 월동률을 높인다.
  - 파종시기가 늦어지면 발아일수가 많이 소요되며 발아율 및 월동률이 저하되므로 주의한다.

- **파종량** : 3~5kg/10a
  - 파종시기가 늦어지면 발아율이 저하되므로 파종량을 늘린다.
  - 발아온도는 21℃이며, 발아일수는 14일 정도이다.
  - 재배지역의 기후특성, 토양환경 등이 불리한 조건에서는 파종량을 늘릴 수 있다.
  - 헤어리베치는 포복성 및 덩굴성 작물로 호밀과 같이 혼파하면

호밀줄기를 타고 올라가 수량을 높일 수 있다.

- **토양환원**
  - 여름철에 하고현상으로 자연 고사하지만 작물 재배기간을 고려하여 파종 2주 전에 토양에 환원한다.

헤어리베치

헤어리베치 종자

✚ 크로탈라리아(Sunn hemp, Crotalaria; 네마장황, 네마황)

- **특성**
  - 초기생육이 매우 빠르고 공중질소를 고정하므로 작물에 질소를 공급할 수 있다.
  - 토양 내 뿌리혹선충, 뿌리썩음선충 등 선충 억제효과가 좋다.
  - 줄기 속이 비어 있어 딱딱해지지 않고 갈아엎기 쉽다.
  - 가축독성이 있으므로 가축에게 먹이면 안 된다.
  - 휴경지에 심으면 토양개량과 경관을 아름답게 하여 관광자원으로도 이용할 수 있다.
- **파종기**
  - 고랭지: 6월 상순~7월 하순
  - 일반지: 5월 중순~8월 중순

– 제주도: 2월 하순~9월 하순

- **파종량**
  – 10a당 6~8kg을 산파한다.

- **토양환원**
  – 초장 1~1.5m(50일) 전후에 갈아엎거나 5~10cm 정도로 잘게 썰어 갈아엎는다.
  – 후작물 심기 전에 로터리 경운을 2~3회 실시한다.
  – 부숙 기간은 2~3주 이상이다.

네마장황

네마장황 종자

✚ 호밀(Rye)

- **특성**
  – 맥류 중 내한성이 가장 강하여 고랭지 및 중북부 지역의 −25℃ 정도의 추위에서도 재배가 가능하다.
  – 이른 봄의 저온신장성이 우수하여 재배하기 쉽고 겨울철 지표를 피복하여 토양을 보호하며 흡비력이 강하다.
  – 호밀은 지하부에 대한 지상부의 비율(S/R율)이 0.88로 지하부의 생육량이 많으므로 토양의 물리적 성질을 개선하는 데 도움을

준다(농업과학기술원, '05)

- 호밀은 C/N율이 높아 질소경합으로 인한 질소기아현상이 발생할 수 있으므로 주의한다.

- **파종기**
  - 고랭지: 9월 하순~10월 상순
  - 일반지, 제주도: 10월 중순~10월 하순
  - 최적발아온도는 25℃이나, 지온이 4~5℃에서도 4일이면 발아한다.

호 밀

호밀 종자

- **파종량**: 15kg/10a 내외로 흩어 뿌리거나, 콩과 녹비작물과 섞어 뿌린다.

- **토양환원**
  - 출수기 직전이 녹비로 환원하기 좋은 시기이며 시간이 경과할수록 탄질률이 높아져 분해가 느려지게 된다.
  - 호밀을 토양에 환원한 후 분해와 질소 무기화를 촉진시키기 위해 유박, 혈분, 알팔파분 등 질소성분이 다량 함유된 자재를 토양환원과 동시에 살포하면 좋다.

✚ 수단그라스(Sudan grass)

· 특성

 − 전형적인 하계용 1년생 사료작물로 청예용으로 주로 사용하나 최근에는 녹비작물 또는 염류가 집적된 시설재배지에서 제염작물로 사용이 증가하고 있다.

 − 생육이 왕성하여 토양에 환원 가능한 유기물이 많아 토양개량에 효과적이다.

 − 고온과 가뭄에 강하여 비교적 재배가 용이하다.

 − 초기생육은 다소 느린 편이나 활착된 이후에는 생장속도가 빠르다.

 − 지하수위가 높거나 알칼리성 토양에서는 생육이 부진하다.

수단그라스

수단그라스 종자

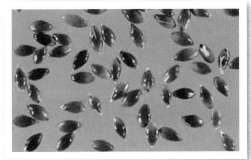

· 파종기

 − 평균기온이 15℃ 이상이면 발아되므로 여름철 고온기에 적합하다.

· 파종량

 − 4~5kg/10a 내외로 산파하거나, 2~3kg/10a 내외로 조파한 후 얇게 복토한다.

- **토양환원**
  - 출수 전 예취하여 환원한다.
  - 시설재배 염류집적에서 제염식물로 활용할 경우 60일 이상 재배하여 과잉염류를 충분히 흡수시킨 다음 절단하여 포장에서 제거한다.
  - 수단그라스를 토양에 환원하면 선충방제에도 효과가 있다.

V. 퇴비

1. 퇴비 일반

✚ 유기농 재배지 퇴비 이용

- 유기농 생산지에서는 기본적인 양분 요구를 충족시키기 위해 퇴비 이용이 선호된다.
- 퇴비는 토양 유기물과 CEC, 수분보유량 및 토양 생물활성을 증진시켜 다른 가용성 양분의 이용률을 높인다.
- 잘 만들어진 퇴비는 부식함량이 많고 양분 용탈을 방지하여 양분을 서서히 방출한다.
- 유기농 퇴비는 질소, 인산, 칼륨 등 양분함량을 충분하도록 만드는 것이 중요하다.
- 연구에 따르면 퇴비는 처리된 후 작물 생육기간 동안 퇴비 총 질소의 10%, 총 인산의 15%와 총 칼륨의 50%가 방출된다.

- 퇴비는 작물을 심기 전에 시용하거나 작물의 간격에 맞게 줄뿌림을 할 수 있고 이후 살짝 토양에 갈아엎는다.
- 토양의 조건과 이력에 따라 처리하는 양은 0.5~1.5톤/10a가 될 수 있고, 사질 토양의 경우에는 1.2~2톤/10a을 미리 토양에 처리했을 때 작물에 지속적인 양분공급이 가능하다.

✚ 퇴비화의 중요 인자

- C/N율
  - 퇴비화 과정 중 탄소는 미생물의 에너지원, 질소는 영양원으로 사용된다.
  - 퇴비화에 적합한 C/N율은 30 전후 정도이다.
  - C/N율이 이보다 높은 경우 질소 기아를 초래하여 퇴비화가 진행되지 못하거나 지연된다.
  - C/N율은 퇴비 원료 내 탄소화합물의 특성을 고려해 조절한다.

- pH
  - pH는 퇴비화 과정 중 미생물 활성에 가장 큰 영향을 미치는 요소 중 하나이다.
  - 퇴비화에 적합한 pH는 6.5~8.0 정도로 대부분 퇴비원료의 pH는 이 범위에 있다.

- 통기성
  - 퇴비더미 내의 공기 공급은 호기성 미생물의 활성유지에 필수적이며 퇴비더미의 지나친 온도상승을 억제시키는 역할을 한다.
  - 통기성을 향상시키기 위해 톱밥이나 팽화왕겨, 파쇄목 등 농림부산물을 이용할 수 있다.

- 수분함량
  - 퇴비더미의 수분함량은 퇴비화 속도를 지배하는 필수요소이다.
  - 퇴비화에 적합한 초기 수분함량은 50~65% 범위(손으로 쥐어 물이 스며 나오는 정도)이다.
  - 수분함량이 40% 미만이면 분해속도가 저하되므로 수분의 추가 공급이 필요하다.
  - 65% 이상이면 호기성 미생물의 활성이 억제되어 퇴비화가 지연되고 퇴비더미의 혐기상태를 초래하여 악취를 야기한다.

2. 퇴비 제조방법

✚ 퇴비 원료

- **농산 부산물**
  - 비료가치는 낮고 유기물 함량이 높다.
  - 퇴비의 주원료보다는 가축분뇨의 퇴비화에 팽화제로 활용이 가능하다.
  - 물량이 많은 주요 농산 부산물은 볏짚과 왕겨이다.
  - 볏짚: 칼륨 함량이 높아 1.84%에 달하고 C/N율은 50 정도로 높은 편이다.
  - 왕겨: 3요소 성분이 모두 낮고 조직구조가 미생물 분해에 저항성을 갖고 있어 팽연화 등 가공과정을 거쳐야 퇴비로 활용이 가능하다.
- **임산 부산물**
  - 대표적으로 톱밥과 수피가 있다.

- 흡습성과 통기성이 좋아 함수율이 높은 재료의 퇴비화에 주재료
로 활용되고 있다.
- 톱밥은 C/N율이 500~1,000 정도로 높아 분해가 늦고 비료성분
도 낮아 함수율이 높은 재료의 흡습제로서의 기능 이외에 퇴비
의 품질에 좋은 영향을 주지는 못한다.

• **가축분뇨**
- 비료가치가 높고 입자의 규격이 일정하여 질적인 측면에서 퇴비
원료로 우수하다.
- 축종에 따른 가축 분뇨의 양분 특성은 다소 차이가 있으며 다음
(표 5)와 같다.

표 5. 가축분 종류별 3요소 평균 성분함량   (단위: kg/10a)

축 종	수 분	질 소	인 산	칼 리
계 분	66.7	1.73	1.65	0.47
돈 분	75.2	0.90	1.49	0.19
우 분	80.0	0.41	0.56	0.09

출처: 농촌진흥청, 표준영농교본 89('02)

- 각 유기물의 양분적, 물리적, 화학적 특성은 (표 6)과 같다.

표 6. 각종 유기물의 특성

유기물명		원재료	시용효과			시용상 주의
			비료적	화학성 개량	물리성 개량	
구비류	우분류	우분뇨와 볏짚류	중	중	중	비료효과를 고려하여 시용량 결정
	돈분류	돈분뇨와 볏짚류	대	대	소	
	계 분	계분과 볏짚류	대	대	소	
목질류 혼합퇴비	우분류	우분뇨와 톱밥	중	중	대	미부숙 및 충해가 발생하기 쉬움
	돈분류	돈분과 톱밥	중	중	대	
	계 분	계분과 톱밥	중	중	대	

나무껍질 퇴비류	나무껍질, 톱밥을 주로 이용한 퇴비	소	소	대	물리성 개량효과가 큼
왕겨 퇴비류	왕겨를 주로 이용한 퇴비	소	소	대	물리성 개량효과가 큼

출처: 농촌진흥청, 표준영농교본 89('02)

✚ 퇴비화 방법

- 가장 일반적으로 이용하는 퇴비화 방법은 농가에서 발생하는 가축의 배설물이나 농산 부산물 등을 퇴비장에 쌓아두고 부숙시켜 다음해 농사에 사용하던 전통적인 퇴비화 방식이다.

- 최근에는 이를 개량하여 퇴비장 바닥은 콘크리트, 지붕에는 비가림 시설, 바닥은 공기를 공급할 수 있는 통풍시설을 설치한 간이 퇴비화 시설도 있다.

- 퇴적식 퇴비화 방법의 가장 개량된 형태는 퇴비화 장치 폭 2.5m × 길이 3.8~5m × 높이 2m의 시설을 하고 측면에 공기 공급을 위한 통기장치를 설치한 형태이다.

- 고정 통풍식 퇴비화시설의 장점은 시설규모의 가감이 가능하고 별도의 교반시설이 불필요한 점이다.

- 단점은 퇴비더미를 교반하지 않기 때문에 퇴비더미 내부와 외부의 부숙도 차이가 생기며 특히 공기와 직접 접촉된 하부는 부숙이 완료되기 전에 건조되어 부숙이 일정치 못한 점이 있다.

유기농가 퇴비장

✚ 퇴비 부숙 단계

- **초기단계**
  - 중온성 세균과 사상균이 유기물 분해에 관여한다.
  - 유기물이 분해되면서 퇴비온도가 40℃ 이상으로 상승한다.
- **지속단계(고온단계)**
  - 온도가 상승하면 중온성 미생물의 활동이 정지되고 고온성 미생물이 활동을 시작하여 퇴비더미 온도는 50~80℃가 지속된다.
- **숙성단계**
  - 고온성 미생물에 의해 분해되기 쉬운 유기물의 분해가 완료되면 분해되기 어려운 유기물만 남아 분해속도가 느려지고 퇴비더미 온도가 40℃ 이하로 낮아진다.
  - 이때 주로 방선균이 활동하며 난분해성 유기물인 리그닌 등이 증가한다.
- **퇴비화 기간**
  - 가축분 퇴비는 부재료로 이용한 재료의 특성과 관계없이 3개월 이상의 퇴비화 기간을 거치는 것이 안전하다.

- 퇴비원료는 퇴비화 후 무게가 감소하는데, 가축분(우분, 계분)을 톱밥과 혼합하여 퇴비화 할 경우에는 부숙 3개월 후에 약 30%가 감소되고 유기물은 30~40%가 분해된다.
- 안정화에 필요한 기간은 자연조건에서 퇴적하여 퇴비화 되는 경우 약 6개월이 필요하다.

3. 퇴비의 부숙도 검사 요령(표준영농교본 89, '02)

- **관능검사**
  - 형태: 부숙이 진전됨에 따라 형태의 구분이 어려워지며 완전 부숙 시 잘 부스러지고 원재료를 식별하기 힘들다.
  - 색깔: 종류에 따라 다양하나 보통 검은색으로 변하고 퇴비더미 속(혐기상태)에서 부숙된 것은 누런색을 띤다.
  - 냄새: 종류에 따라 다양하나 볏짚이나 산야초 등은 완숙 시 퇴비 고유의 냄새가 나고 가축분뇨는 악취가 사라진다.

- **온도검사**
  - 퇴비 제조 시 퇴비원료에 따라 온도가 60℃~80℃ 전후까지 상승하게 되고 2주 간격으로 뒤집기를 한다. 완숙된 퇴비는 온도변화가 거의 없이 일정하고, 미부숙 퇴비는 30℃ 이상 온도상승이 일어난다.

- **돈모 장력법**
  - 돈분을 이용해 퇴비 제조 시 그 중 함유된 돈모의 장력을 통해 퇴비 부숙도를 판정한다.

– 미숙(잘 끊어지지 않음), 중숙(힘 있게 잡아당기면 끊어짐), 완숙
(돼지털의 탄력이 없어지고 잡아당기면 쉽게 끊어짐)

표 7. 볏짚 및 산야초 퇴비 부숙도 판별법

구 분	미 숙	중 숙	완 숙
색 깔	황갈색	갈 색	암갈색
탄력성	없 음	거의 없음	다소 있음
악 취	많 음	다소 있음	없 음
손 촉감	거 침	다소 거침	부드러움
강도(손으로 비틀 때)	안 끊어짐	잘 끊어짐	쉽게 끊어짐

※ 완숙 후에는 수분이 40~50%(손으로 꼭 쥐어서 물기가 배어 나오지 않는 정도)가 된다.

표 8. 가축분 퇴비의 부숙도 판별법

색 깔	황~황갈색(2), 갈색(5), 흑갈색~흑색(10)
형 상	원료의 형태유지(2), 상당히 붕괴(5), 형태를 알 수 없음(10)
악 취	원료냄새 강(2), 원료냄새 약(5), 퇴비냄새(10)

수 분	70% 이상(2), 60% 전후(5), 50% 전후(10)
	• 수분 70% 이상:
	  손으로 움켜쥐면 손가락 사이로 물기가 많이 나옴
	• 수분 60% 전후:
	  손으로 움켜쥐면 손가락 사이로 물기가 약간 나옴
	• 수분 50% 전후:
	  손으로 움켜쥐면 손가락 사이로 물기가 스미지 않음

부숙 중 최고온도	50℃ 이하(2), 50~60℃(10), 60~70℃(15), 70℃ 이상(15)

부 숙
기 간
	• 가축분 자체:
	  20일 이내(2), 20일~2개월(10), 2개월 이상(20)
	• 축분 + 농산부산물:
	  20일 이내(2), 20일~3개월(10), 3개월 이상(20)
	• 축분 + 톱밥 등:
	  20일 이내(2), 20일~6개월(10), 6개월 이상(20)

뒤집기 횟수	2회 이하(2), 3~6회(5), 7회 이상(10)
통 기	통기 안 함(2), 통기함(10)
점수합계	미숙: 30점 이하, 중숙: 31~80점, 완숙: 81점 이상 ※ 각 항목에서 선택한 내용의 ( ) 안의 합계를 계산한다.

Part 05

병해충 · 잡초 및
생리장해

- 유기농 재배지의 병해충 방제 시 예방적 방법을 이용함으로써 대부분의 주요 병해충 문제들은 경제적 피해수준 이하로 떨어트릴 수 있다.
- 유기농 당근 생산의 다른 측면들과 같이 병해충 방제 역시 종합적인 접근을 요하며 이를 위한 기본 관리 방법은 다음과 같다.
  - 병해충이 많이 발생하는 시기를 피하여 재배시기를 결정한다.
  - 저항성 품종을 이용한다.
  - 병해충 발생을 최소화하기 위해 윤작을 시행한다.
  - 토양을 건전하게 관리한다.
  - 병해충 밀도의 균형을 맞추어 주는 자연의 기능을 유지한다.
  예) 천적과 같은 유용생물의 서식지와 먹이 제공
  　　 천적에 악영향을 주는 투입제나 처리제의 이용을 피함
  - 단작을 피하고 혼작을 통해 다양한 식물 종들을 유지한다.
  - 작물이 균형 있게 건강하게 생장하도록 한다.
  - 병해충이 많이 발생하지 않도록 재배적 방법을 이용한다.
  - 위와 같은 방법을 통해서도 병해충 방제가 어려울 경우에는 최후의 수단으로써 허용된 유기자재를 이용할 수 있다.
  - 이러한 제품들은 대상 병해충에 대해 특이적 또는 비특이적 활성을 갖는다.
  - 유용생물과 천적에 영향을 줄 수 있기 때문에 일반적으로 대상이 광범위한 병해충방제 자재의 이용은 자제하는 것이 좋다.
- **대상 병해충 특이적 제품의 예**
  - 페로몬 트랩
  - 교미교란제
  - 미생물 살충 · 살균제

- **대상 병해충 비 특이적 제품의 예**
  - 끈끈이 트랩
  - 진공 흡입
  - 토양살균제
  - 특정 천연물질: 독소, 기피제, 섭식장애제
  - 그 외 병해충 방제를 위해 허용된 물질들은 부록 1을 참고한다.

포장 주위 생태계 유지

곤충병에 의한 자연적 해충방제

Ⅰ. 병해 관리

1. 무름병(Soft Rot, 軟腐病)

✚ 병원균 및 병징

- 병원균: *Erwinia carotovora subsp. carotovora*
- 주로 잎, 줄기, 뿌리 등의 상처를 통해 침입하여 수침상의 병반을 야기한다.
- 초기에는 뿌리 윗부분에 물에 젖은 듯한 연갈색의 증상이 나타나고 점차 아래쪽으로 썩으면서 물러지고 심한 악취가 난다.

무름병 지하부

무름병 지상부

✚ 피해 및 진단

- 비가 오고 고온일 때 많이 발생하며, 특히 물이 고이는 부분을 중심으로 발생한다.
- 당근이 성숙했을 때, 날씨가 따뜻한 상태에서 관수를 한 경우에 발생할 수 있다.

- 잎이 붉게 변하면서 시드는 증상을 보이면 무름병 가능성이 높다.
- 병이 진전되면 잎이 시들어 갈변하고 잡아당기면 쉽게 뿌리 부분과 떨어지며 뿌리 부분이 썩어 심한 악취가 난다.
- 병에 감염된 당근은 수확 후 씻어서 포장지에 보관하더라도 후에 병징이 발현될 수 있다.

✚ **관리방법**
- 배수와 통풍을 좋게 하고, 해마다 발생하는 밭에는 높은 이랑재배를 하여 물이 고이지 않도록 한다.
- 병 발생이 심한 포장에서는 3~4년간 콩과작물로 윤작한다.
- 병든 식물은 일찍 제거하고 수확 후 이병 잔재물이 포장에 남지 않게 한다.

2. 검은잎마름병(Leaf Blight, 黑葉枯病)

✚ **병원균 및 병징**
- 병원균: *Alternaria dauci*
- 잎과 잎자루에 발생하며 뿌리에는 발생하지 않고 묘에는 잘록병을 일으킨다.
- 잎에 갈색~검은색의 작은 병반이 생기고 진전되면 어두운 갈색을 나타내고 병반이 합쳐져 큰 병반을 만들기도 한다.
- 발생한 잎은 노랗게 마르고 심하면 잎이 고사되어 뿌리 비대를 나쁘게 한다.

당근 검은잎마름병

✚ 피해 및 진단

- 생육초기부터 수확기까지 전 기간을 통해 발생하며 생육 기간 중 비가 많이 내리는 해에 발생이 많다.
- 잎이나 잎자루에 어두운 갈색의 병반이 생기고 잎 전체가 노란 빛을 띠면 본 병으로 진단해도 된다.
- 종자전염을 하고 묘에 발생하면 땅에 접해 있는 부분이 잘록 증상을 일으킨다.
- 지력이 낮거나 양분이 적어도 발생이 잘된다.

✚ 관리방법

- 물빠짐과 생육을 좋게 한다.
- 건전종자를 선별하고 소독하여 파종한다.
- 병 저항성 품종을 선택해 재배한다.
- 작물 생육 중 양분이 부족하지 않도록 한다.

3. 흰가루병(Powdery Mildew, 白粉病)

✚ 병원균 및 병징

- 병원균: *Erysiphe heraclei*
- 잎과 잎자루에 발생한다.
- 초기에는 잎 표면에 하얀 가루가 붙어 있는 것처럼 보이나 심하면 잎 전체가 밀가루를 뿌려 놓은 것처럼 보인다.
- 더욱 진전되면 잎이 노랗게 되어 말라 죽는다.

당근 흰가루병

✚ 피해 및 진단

- 아침저녁 일교차가 크고 비가 적게 내려 건조할 때에 발생이 많다.
- 밀식하여 도장되거나 통풍이 잘 안 되는 구석진 부분에 발생이 심하다.
- 밀가루 뿌려놓은 것 같은 흰 가루가 보이기 때문에 진단하기 쉽고 주로 생육후기에 발병이 많다.

✚ 관리방법

- 너무 웃자라는 것을 피하기 위해 질소성분의 과용을 피한다.
- 가뭄 시 물을 관수하는 것도 당근 품질 향상과 함께 병을 방제하는 데 도움을 준다.
- 수확 후 이병된 잔사물을 신속히 제거한다.
- 밀식을 피하고 통풍이 잘되게 한다.
- 난황유를 이용한다.
- 베이킹파우더를 이용할 수 있다.

4. 균핵병(Sclerotinia Rot, 菌核病)

✚ 병원균 및 병징

- 병원균: *Sclerotinia sclerotiorum*
- 주로 뿌리 윗부분인 관부로부터 감염되고 감염부위에서는 하얀 균사가 생기면서 뿌리가 썩는다.
- 진전되면 병징 부분에는 부정형 쥐똥 모양의 균핵이 형성되고 병반이 잎자루와 뿌리 아래쪽으로 확대되면서 전체적으로 썩는 경우가 있다.

당근 균핵병 지하부

당근 균핵병 지상부

✚ 피해 및 진단

- 잎이 시들고 잎자루가 검게 변하여 썩으면 병으로 의심할 수 있다.
- 어렸을 때 뿌리에 균이 침입하는데 주요 병징은 뿌리 중간~윗부분이 검게 변한다.

✚ 관리방법

- 토양에 서식하며 균핵을 만들어 월동하므로 방제가 매우 어렵다.
- 발생이 심한 포장은 윤작을 해야 한다.
- 높은 이랑을 만들어 물 빠짐이 좋게 한다.
- 시설재배 포장에서는 저온다습하지 않도록 주의한다.
- 정식을 한 후 비닐로 멀칭을 하면 무멀칭 재배에 비하여 병 발생 억제효과가 있다.
- 담수가 가능한 곳에서는 여름철 장마기에 담수하여 균핵을 부패시킨다.
- 균핵병의 비기주 작물로 윤작하며 브로콜리와 윤작 시 병 발생을 억제했다는 보고가 있다.

Ⅱ. 충해 관리

- 당근에 피해를 주는 해충은 국내 20여 종 이상 보고되어 있으나, 외국의 경우처럼 심각한 피해를 주는 해충은 아직 없다.
- 단, 연작지에서 피해를 주는 당근뿌리혹선충, 바이러스를 옮기는 진딧물류, 땅강아지, 밤나방류 등의 해충이 지역에 따라 피해를 주고 있다.

1. 뿌리혹선충 (Root Knot Nematodes)

✚ 해충의 특성 및 피해증상

- 학명: *Meloidogyne spp.*
- 뿌리혹선충은 주로 온도가 높은 시기에 뿌리에서 혹을 형성하고 생장률을 낮추며 기형뿌리를 발생시키고 잎을 시들거나 말라죽게 한다.
- 당근을 심기 전 토양을 채취하여 선충밀도를 조사하는 것이 좋으며, 식물체에 뿌리혹이 없더라도 토양 내 선충이 50마리/100mL인 경우에는 당근에 선충 피해가 예상된다.

당근 뿌리혹선충에 의한 피해

✚ 발생생태

- 곤충과 달리 알 속에서 1회 탈피한 1령 유충이 부화하여 2령 유충이 되고 뿌리 속으로 침입해 세 번 탈피한 후 성충이 된다.
- 뿌리 속에 정착하여 가해하면 피해부위 주변의 세포가 비대해져 혹을 형성하고 여기서 양분을 공급 받는다.
- 암컷은 몸 뒷부분을 뿌리 겉쪽으로 향하여 분비선에서 젤라틴을 뿌리 밖으로 분비하여 알주머니를 만들어 100~500개의 알을 낳는다.

✚ 관리방법

- 선충방제의 기본은 건강한 토양을 유지하는 데 있다. 선충의 완전방제는 어려우며 예방이 중요하다.
- 유기물이나 퇴비 자원이 선충군집에 영향을 주는데, 대부분의 선충은 갑각류(새우, 게 등)의 껍질을 부숴 만든 키틴 물질에 의해 크게 줄어들 수 있다.
- 비기주 작물(옥수수나 곡류)이나 녹비작물(네마장황)을 이용해 윤작을 한다.

- Neem Cake를 퇴비와 같은 유기질비료에 섞어서 사용하면(20~ 40kg/10a) 선충 억제효과를 보이지만 다른 유용 미생물에는 해가 없다.
- 선충의 전염을 막기 위해 기계들을 잘 씻는다.
- 태양열 소독을 이용할 경우 7~8월에 토양에 물을 댄 후 투명한 비닐을 덮어 4~8주간 덮어 놓는데, 이때 겨자 등의 피복작물의 잔사를 토양에 매몰하고 비닐을 덮으면 생물훈증의 효과를 얻을 수 있다.

2. 밤나방과

☞ **거세미나방류(Cutworms)**

✚ **해충의 특성 및 피해증상**

거세미나방의 유충

- 유충은 집단적으로 밤낮없이 식물의 잎과 새순을 가해한다.
- 발아 후 얼마 안 돼서 줄기를 자르므로 알맞은 본수를 확보하지 못 할 수도 있다.

✚ 발생생태

- 연 5~6회 발생하고 유충 및 번데기로 월동한다고 알려져 있으나 명확치 않다.
- 성충은 낮에 잎 뒷면에 정지된 형태로 있다가 밤에 왕성히 활동한다.
- 성충은 우화 후 2~5일 동안 1,000~2,000개의 알을 100~300개씩 난괴로 잎 뒷면에 산란한다.
- 유충은 낮에는 토양 속이나 아래 잎 사이에 숨어 있다가 밤에 잎을 폭식한다.

✚ 관리방법

- 잡초에도 서식하므로 주변 잡초 제거에 주력한다.
- 생물적 방제로 고치벌, 맵시벌, 깡충좀벌 같은 기생천적을 이용할 수 있다.
- 비티(Bt: *Bacillus thuringiensis*), 곤충병원성 선충 등을 이용하여 방제한다.
- Neem 제품이 유충방제에 효과가 있다.
- 어린 유충시기에만 약제에 대한 감수성이 높으므로 발생초기에 방제한다.

☞ 도둑나방(Cabbage Armyworm)

✚ 해충의 특성 및 피해증상

- 학명: *Mamestra brassicae*
- 채소작물은 물론 화훼작물을 가해하는 광식성 해충이다.
- 성충의 날개편 길이는 40~47mm로 전체가 회갈색~흑갈색이며 앞날개에는 흑백의 복잡한 무늬가 있다.

- 유충은 녹색 또는 흑록색으로 색채변이가 심하다.
- 노숙유충은 40mm로 머리는 담록~황갈색, 몸은 회흑색에 암갈색 반점이 많아 지저분하게 보인다.

도둑나방의 유충

✚ 발생생태

- 연 2회 발생하며 번데기로 겨울을 난다.
- 1회 성충은 주로 4~6월에 발생하며 여름 고온기에는 번데기로 여름잠을 잔 후 2회 성충은 8~9월에 발생한다.
- 고랭지 저온지대에서는 한여름에도 발생이 많다.
- 성충은 해질 무렵부터 활동을 시작하여 오전 7시경에 산란한 후 마른 잎 사이에 숨어 지낸다.
- 유충은 3령까지 무리지어 다니다 4령 이후 분산, 독자생활을 한다.
- 유충기간은 약 40~45일이다.

✚ 관리방법

- 잡초에도 서식하므로 주변 잡초 제거에 주력한다.
- 어린 유충시기에만 감수성이 높으므로 발생초기에 방제한다.

- 생물적 방제로 고치벌, 맵시벌, 깡충좀벌 같은 기생천적을 이용할 수 있다.
- 비티(Bt), 곤충병원성 선충 등을 이용하여 방제한다.
- Neem 제품이 유충방제에 효과가 있다.

3. 복숭아혹진딧물(Green Peach Aphid)

✚ 해충의 특성 및 피해증상

- 학명: *Myzus persicae* Sulzer
- 피해가 심하면 잎의 활력이 떨어져 시들면서 아래로 늘어지게 되고 점차 황색으로 변하면서 고사하게 된다.
- 진딧물이 많이 발생한 후에 방제를 하면 진딧물이 없더라도 생육이 나쁘고 개화, 결실 시기가 많이 지연된다.

✚ 발생생태

- 복숭아, 매화, 양배추 등의 잎 기부에서 월동한 알은 3월 하순~4월 상순에 부화하여 새순 부분에 기생한다.
- 5월에는 생육기간이 단축되고 8월 전후에 성충의 발생밀도가 급격히 증가하다 장마철과 여름에는 밀도가 낮아지지만 9월 상순경 다시 증가한다.

✚ 관리방법

- 일반적으로 이들의 천적인 꽃등에, 풀잠자리, 무당벌레가 함께 발생하고 있어 천적의 발생이 많은 경우에는 진딧물의 밀도가 너무 높지 않으면 방제할 필요가 없다.
- 그 외 천적: 콜레마니진디벌, 진디혹파리
- 채소밭 주위에 키가 큰 작물을 심어 진딧물이 날아드는 것을 줄인다.
- 난황유와 Neem의 혼합물을 이용한다.

복숭아혹진딧물

복숭아혹진딧물 유시충

Ⅲ. 잡초 관리

1. 유기농 재배지 잡초관리 일반

- 잡초관리는 유기농 당근 생산에서 가장 어려운 부분 중 하나일 수 있다.
- 유기농업 체계에서는 잡초의 완전방제보다는 잡초와 작물생장 및 수확량 사이의 균형을 목표로 둔다.
- 작물 수량을 감소시키지 않는 범위에서 잡초 밀도를 관리하면 오히려 작물 생산에 유용할 수 있다. 예를 들어 유용곤충과 토양곰팡이 등 생물종들의 다양성을 증진시키고, 양분이 적은 토양에서 양분공급과 양분용탈을 방지하고 토양 유기물을 높여주는 작용을 할 수 있다.
- 잡초 방제를 위해 이용할 수 있는 일반적인 방법 및 도구들은 다음과 같다.
  - 토양개량
  - 피복작물과 녹비작물 재배
  - 윤작
  - 품종 선택
  - 생물적 방제
  - 물리적 경작, 경운, 파쇄기, 괭이, 써레
  - 화염, 증기 제초기
  - 작물 압밀기, 멀칭기
  - 덤불 제초기, 회전 제초기
  - 손제초

2. 유기농 당근 재배지 잡초 관리

- 당근처럼 잡초 경쟁력이 떨어지는 경우 최적의 제초 시기는 매우 좁으며 당근 발아 이후에 제초할 시기를 잘 맞추어야 한다.
- 당근은 잡초가 무성할 때 매일 수확량이 5%씩 감소할 수 있으니 이전에 잡초를 제거해야 한다.

✚ 적합 품종 이용

- 잡초에 의한 영향을 최소화 할 수 있는 품종을 이용할 수 있으며 이런 품종들은 다음과 같은 특징을 갖는다.
  - 수확량이 높은 품종: 잡초 경쟁력을 상쇄한다.
  - 빨리 자라고 지상부가 큰 품종: 잡초를 제압한다.

✚ 물리적 방법

- 당근은 파종 후 출아까지 소요일수가 긴 대표적인 작물이다. 이 기간이 길기 때문에 본포에는 당근보다 잡초가 먼저 발생해 자리를 잡게 되며, 이러한 상황은 초기 작물의 생육을 매우 저해하게 된다. 따라서 이 기간 동안의 초기 잡초 관리가 매우 중요하다. 이를 위해 다음 두 가지 선행적 잡초 방제가 초기 잡초 밀도를 낮추는 데 매우 유용할 수 있다.
- 가묘상 : 경운 후 15~20일 정도 작물을 파종하지 않고 본포를 방치해 두면 잡초가 먼저 발생하게 된다. 이때 얕은 경운이나 화염제초로 잡초를 제거한 후 당근을 파종한다. 이 방법은 표토의 잡초 종자 밀도를 낮춰 초기 당근과의 경합을 낮추는 데 유용한 방법이다.
- 헛묘상 : 당근은 싹이 나오기까지 2주 정도의 시간이 걸리기 때문

에, 파종 후 잡초가 먼저 발생하게 된다. 이 현상을 이용하여 당근 싹이 땅 위로 나오기 직전에 미리 발생되어 있던 잡초를 화염 제초기로 제거하면 잡초를 손쉽게 제거할 수 있다. 화염제초의 적기를 판단하기 위해서는 당근을 파종 후 일부를 온실에 파종한다. 온실(하우스)에 파종한 당근은 본포의 당근보다 1~2일 정도 일찍 올라오기 때문에 바로 화염제초를 한다면 당근은 피해를 입지 않고 잡초만 효율적으로 제거할 수 있다.

✚ 기계적 방법

- 열 간의 잡초 방제는 잡초의 경쟁력에 따라 회전식 덤불 제초기나 회전식 노면 파쇄기를 이용해 잡초 발생 후 2~3주 또는 4~5주에 실시한다.
- 하루 중 이른 시간, 덥고 건조하며 바람이 부는 조건에서 제초하면 잡초가 더 잘 죽으므로 효과적이다.

✚ 재배적 방법

- 빨리 자라는 피복작물을 이용해 잘라서 멀칭재료로써 당근 열 간에 멀칭하면, 바람을 막아주고 수분도 보존해주며 토양 생물활성을 높여주는 효과와 함께 잡초 방제도 충분히 할 수 있다.

Ⅳ. 생리장해 관리

1. 생리장해

+ **갈림 뿌리(지근)**
  • **원인**
    - 묵은 종자를 사용할 경우 종자의 활력이 떨어져 발생하며 특히 실내 상온에서 저장된 종자의 경우 지근 발생률이 높다.
    - 뿌리가 신장하는 바로 밑에 돌 등 장애물이 있을 경우 뿌리의 활력이 약하면 가랑이가 갈라진다.
    - 미숙퇴비를 많이 사용할 경우 물리 · 화학적 영향에 의해 발생한다.
    - 토양선충에 의해 뿌리 끝부분이 피해를 받아 발생하기도 한다.
  • **대책**
    - 가능한 그해 채종된 종자를 사용하며, 사용하고 남은 종자는 밀봉하여 저온 보관한다.
    - 토양 물리성을 좋게 하고, 밭을 깊게 갈아 흙을 부드럽게 한다.
    - 가능한 완숙퇴비를 이용한다.

+ **터진 뿌리(열근)**
  • **원인**
    - 토양 수분과 뿌리조직의 생리생태가 관련되어 있다.
    - 지온이 낮고 토양에 수분 공급이 장기간 안 될 경우 일반적으로 뿌리 생육이 정지하고 표피가 굳어지며, 이때 갑자기 수분공급

이 이루어지면 뿌리의 비대가 갑자기 왕성해져 표피가 터지는
현상이 발생한다(겨울 재배 혹한기 이후, 초여름 장마기 다발생).

- 주로 생육후기에 많이 발생하며 생육초기의 건조(발아 후
20~25일간), 근비대기의 다습, 주간거리가 넓을 때 수확이 너무
늦어지는 경우 많이 발생한다.

- **대책**
  - 토양의 보온, 관수 및 배수에 주의한다.
  - 시설 내 멀칭을 통해 보온을 하거나, 토양 수분 변화가 적도록
  유지한다.
  - 토양 수분과 기온의 변화가 급격한 봄재배의 경우에는 토양에
  유기질을 충분히 시용해 보수력과 배수를 좋게 만든다.

✚ 피목

- **원인**
  - 표피 밑의 코르크 조직이 표피를 뚫고 나온 것으로 과습 토양이
  나 과습 점질토에서 산소공급을 위해 잔뿌리가 발달하고 피목부
  위가 굵어진다.
  - 지상부 초세 및 지하부 생육이 지나치게 왕성하면 다량의 양수
  분 및 산소의 흡수·이동이 요구되어 이의 역할을 담당하는 목
  부 비율이 높아져 뿌리털과 피목이 발달한다.
  - 식물체의 노화, 추대 및 과숙하게 될 경우 뿌리털과 피목현상이
  심해진다.

- **대책**
  - 토양이 과습하지 않도록 수분관리와 배수에 주의한다.
  - 품종별 피목 발생 정도가 다르므로 품종 선택에 주의한다.

2. 영양생리장해

✚ 인산 결핍증

- **증상**
  - 늙은 잎의 줄기가 굵어지지 않고 암록색이 되며 늙은 아래 잎은 자색을 띠며 뿌리가 불량하다.
- **원인**
  - 화산회토의 토양에서 발생하기 쉬우며 pH가 낮거나 뿌리 발달이 불량한 토양에서 발생한다.
- **대책**
  - 인산이 부족한 토양에는 반응성 인광석(RPR)이나 구아노 같은 수용성이 낮은 인을 작물 재배 전에 사용할 수 있다.

✚ 칼륨 결핍증

- 당근은 칼륨을 많이는 아니지만 어느 정도는 필요로 한다.
- 칼륨은 뿌리의 품질과 저장성을 향상시킨다.
- **증상**
  - 생장이 쇠퇴하며 선단의 잎이 약간 위축한다.
  - 늙은 잎의 선단이 황색으로 되며 가장자리가 황화되어 잎의 내부로 퍼진다.
  - 잎 가장자리의 황화된 부분은 갈색으로 변하고 조직은 말라죽어 탄 것처럼 보인다.
  - 수확기가 가까워지면 잎의 구부러짐이 잎의 표면 쪽으로 바뀌고 뿌리의 비대는 현저히 저하된다.

- 원인
  - 사질토나 부식질이 적은 토양에서 쉽게 발생하며, 석회비료의 과용으로 칼륨의 흡수가 방해받는 경우 많이 발생한다.
  - 습해 또는 한해를 받거나 토양이 산성이어서 뿌리가 손상된 경우 칼리 흡수가 현저히 저하될 수 있다.
  - 유기물과 부식함량이 높은 토양에서 칼륨함량이 적을 경우 칼륨이 용탈될 수 있다.
- 대책
  - 퇴비 등 유기질 비료를 충분히 시용하여 지력을 높인다.
  - 칼륨은 토양에서 매우 빠르게 작물에 흡수되므로 1회당 양분 사용량을 줄이고 시용횟수를 늘리는 것이 좋다.
  - 허용된 칼륨원은 암석분말, 나뭇재, 랑베이나이트와 칼륨을 함유한 황산염 등이 있다.

✚ 마그네슘 결핍증
- 증상
  - 노숙 잎이 황화되고 점차 오렌지색, 자색의 복합색으로 변한다.
  - 끝 쪽에서부터 잎맥의 녹색을 거의 남기지 않고 황화하는 경우도 있으며, 백화현상이 진전된 후 말기에 일부 괴사 현상이 발생하기도 한다.
- 원인
  - 산성의 모래토양에서 종종 결핍된다.
  - 칼륨이나 석회 성분이 많으면 길항작용의 영향을 받는 경우가 있다.
  - 배수가 불량하여 뿌리가 약해지거나 건조되기 쉬운 땅에서 자주 발생한다.

- **대책**
  - 일반적으로 유기농업에서는 칼슘과 마그네슘 공급을 위해 백운석을 이용한다.
  - 랑베이나이트도 허용되는 마그네슘원이다.

✚ 칼슘 결핍증
- **증상**
  - 뿌리의 비대가 나빠지고, 당근의 적색이 옅어진다.
- **원인**
  - 산성토양에서 발생한다.
- **대책**
  - 유기농에서는 석회석과 백운석 등을 칼슘원으로 이용할 수 있다.

Ⅴ. 병해충 관리를 위한 유기농 기술

 1. 난황유

- 난황유란 식용유를 달걀노른자로 유화시킨 유기농 작물보호자재로 거의 모든 작물의 병해충 예방목적으로 활용한다.
- 흰가루병, 노균병, 응애, 진딧물, 총채벌레 등에 대한 예방효과가 높다.

✚ 만드는 방법

- 소량의 물에 달걀노른자를 넣고 2~3분간 믹서기로 간다.
- 달걀노른자 물에 식용유를 첨가하여 다시 믹서기로 3~5분간 혼합한다.
- 만들어진 난황유를 물에 희석해서 골고루 묻도록 살포한다.

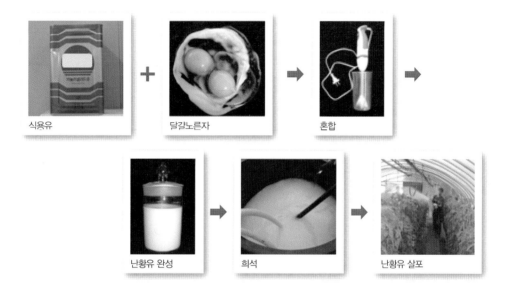

식용유 ＋ 달걀노른자 ➡ 혼합 ➡

난황유 완성 ➡ 희석 ➡ 난황유 살포

표 1. 살포량별 필요한 식용유와 달걀 노른자 양

재료별	병 발생 전(0.3% 난황유)			병 발생(0.5% 난황유)		
	1말 (20L)	10말 (200L)	25말 (500L)	1말 (20L)	10말 (200L)	25말 (500L)
식용유	60mL	600mL	1.5L	100mL	1L	2.5L
달걀노른자	1개	7개	15개	1개	7개	15개

✚ 사용방법

- 예방적 살포는 10~14일 간격, 병·해충 발생 후 치료적 목적은 5~7일 간격으로 살포한다.

- 잎의 앞·뒷면에 골고루 묻도록 충분한 양을 살포해야 한다.
- 난황유는 직접적으로 병해충을 살균·살충하기도 하지만 작물 표면에 피막을 형성하여 병원균이나 해충의 침입을 막아주므로 너무 자주 살포하거나 농도가 높으면 작물 생육이 억제될 수 있다.
- 난황유는 꿀벌이나 천적 등에도 피해를 줄 수 있으므로 사용상 주의가 필요하다.

····· 난황유 사용 시 주의사항 ·····

- 5℃ 이하 저온과 35℃ 이상 고온에서는 약해를 나타낼 수 있다.
- 저온다습 시에는 기름방울이 마르지 않고 결빙되어 약해증상을 나타낼 수 있고, 고온 건조 시에는 기름방울에 의한 작물의 수분 스트레스가 높아진다.
- 작물의 종류, 생육시기, 재배형태 등에 따라 난황유에 대한 반응이 다를 수 있다.
- 농도가 높거나 너무 자주 살포하면 작물에 생육장애가 있을 수 있다.
- 영양제나 농약과 혼용 시 효과가 낮아지거나 약해 발생 우려가 높다.

2. 베이킹파우더

- 대상 병해: 흰가루병, 노균병, 잿빛곰팡이병
- 베이킹파우더 20g을 물 1말(20L)에 희석하여 매주 사용했을 때 흰가루병과 다른 곰팡이 병을 억제할 수 있다.
- 베이킹파우더는 많은 곰팡이병해 방제효과가 있으나 자주 사용하거나 농도가 높으면 약해가 발생될 수 있으며 토양 pH가 알칼리로 변할 수 있으므로 주의해야 한다.

- 베이킹소다 단독 사용보다는 난황유 등과 혼합사용하면 효과를 높일 수 있다(국립농업과학원, '08).

3. 식물추출물

✚ 님(Neem)오일
- 'Azadirachta indica'라는 식물의 열매에서 추출한 식물성 기름으로 살균효과뿐만 아니라 응애, 진딧물 등의 해충에 효과를 가진다.
- 천적과 꿀벌에 해를 줄 수 있으므로 주의한다.
- 현재 님(Neem) 추출물을 함유한 제품들이 상품화되어 있으니 이를 적절히 이용한다.

✚ 목초액(증류)
- 증류한 목초액을 생육시기에 따라 500~1,000배 희석하여 1주일 간격으로 총 9회 엽면 시비했을 경우 근부병은 34% 감소하였고, 수량은 23% 증가하였다(전라북도농업기술원, '08).

4. 곤충병원성 선충

- 곤충병원성 선충은 곤충의 몸에 기생하여 체내 영양분을 빼앗는 정도가 아니라 숙주를 죽이는 강력한 살충력을 가지고 있는 기생충으로 다양한 해충에 방제용으로 사용된다.
- 곤충병원성 선충은 처리 후 48시간 이내에 해충을 죽일 수 있어 다

른 미생물제제에 비하여 살충력이 빠르게 나타나며 지상부에 있는 해충에도 효과적이지만, 토양 속에 있는 해충에 더 효과적이다.

- 선충이 희석된 물에 원하는 양의 물을 보충시킨 후 작물체 또는 토양에 살포한다.

선충 암컷 성충

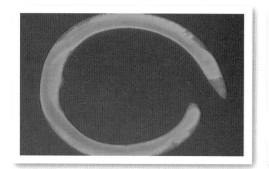

곤충 내 증식된 선충

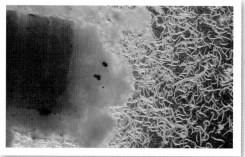

- **주의사항**
  - 제품을 받는 즉시 사용하는 것이 가장 활력이 좋은 상태의 선충을 사용하는 방법이다. 보관을 할 때는 4~10℃에서 냉장보관 하도록 한다.
  - 살포 시기는 흐린 날(자외선이 약할 때) 또는 해질 무렵에 하는 것이 가장 좋다.
  - 토양에 살포할 때에는 살포하기 전·후 관수를 해주어 토양 수분이 충분하도록 하는 것이 좋다.
  - 고온에 약해 35℃ 이상에서는 죽거나 효과가 감소하므로 고온에 주의하여야 한다.

5. 태양열 소독

- 태양열 소독이란 기온이 높은 여름철에 유기물을 투여하고 물을 대고 투명한 비닐로 피복하여 토양온도를 높여서 병원균을 사멸시키거나 불활성화 시키는 방법이다.
- 비닐하우스 재배에서 문제가 되는 선충이나 토양해충을 방제하는 데 탁월한 효과가 있으며 토양 표면 가까이 있다가 발아하여 올라오는 대부분의 잡초종자는 죽거나 제대로 발아하지 못하게 된다.
- 상추, 오이, 딸기처럼 뿌리를 얕게 뻗는 작물에 침해하는 병원균들은 방제가 잘되지만 토마토처럼 뿌리가 깊게 뻗는 작물에 기생하는 병원균에 대해서는 효과가 다소 낮다.

· **작업순서**

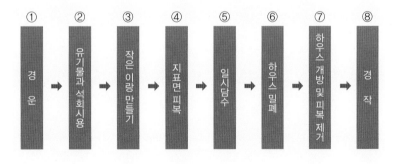

① 경운 ➡ ② 유기물과 석회시용 ➡ ③ 작은 이랑 만들기 ➡ ④ 지표면 피복 ➡ ⑤ 일시담수 ➡ ⑥ 하우스 밀폐 ➡ ⑦ 하우스 개방 및 피복 제거 ➡ ⑧ 경작

- 노지에서는 상토용 비닐에 10~15cm 두께로 흙을 넣고 10~15일간 방치하여 햇볕에 소독해도 효과적이다.

• 지중가온시설이 보급된 농가에서는 담수처리 후 지온을 50℃ 이상 되도록 5일간 가온할 경우 많은 토양전염성 병원균과 선충을 방제할 수 있다.

태양열 소독을 위한 유기물 처리 및 비닐피복

Part 06

•

수확 및
수확 후 관리

I. 수확

1. 수확 시기 결정 요건

- 수확기가 늦어지면 뿌리 표면이 거칠어지고 갈라져 상품가치가 크게 떨어지므로 적기에 수확해야 한다.
- 품종의 특성과 기상조건에 따라 다르나 외관상 바깥 잎이 지면에 닿을 정도로 늘어지는 때를 수확기로 판정한다.
- 수확기는 품종 특성에 따라 다음과 같다.

표 1. 품종에 따른 수확기

품 종	성숙 일수(일)
미니당근	70~80
조생종	90~100
중생종	100~110
만생종	100~120

- 시장여건을 고려하여 되도록 가격을 잘 받을 수 있는 시기에 수확한다.
- 강수량이 많아 토양 수분의 함량이 높을 때 수확한 당근은 저장 수명이 현저히 떨어지므로, 저장용 당근은 수확 시 가능한 비가 오는 시기를 피하고 한동안 날씨가 좋아 토양수분이 건조한 시점을 선택하는 것이 좋다.
- 수확 후 햇볕에 장기간 노출되면 표면 색깔이 변할 수 있으므로 주의한다.

- 가급적 빨리 포장해야 햇볕 노출에 의한 당근 뿌리 표면의 색깔 변화를 막을 수 있다.
- 수확은 가급적 이른 아침에 시작하여 오전에 끝내는 것이 좋다.

당근 수확 모습

2. 작형별 수확 요령

✚ 가을 재배

- 조만성에 의한 생육일수와 재배조건을 고려하여 수확하고 수확시기가 너무 늦으면 열근이 생기거나 외관이 불량해진다.

✚ 봄 재배

- 봄 작형은 6월 하순~ 7월 상·중순에 수확하며 이때는 온도가 상승하고 장마기와 겹치므로 일찍 수확하는 것이 유리하다.
- 시장에 출하할 경우 당근은 150~200g 내외가 품질이 가장 좋다.
- 파종에서 수확까지의 기간은 품종에 따라 다르나 90~120일경에

수확할 수 있다.

✚ 고랭지 재배

- 고랭지 작형 수확 시기는 8월 하순부터 10월까지이다.
- 조기 수확 시 당근 가격이 좋게 형성되어 이를 겨냥해 파종 및 수확을 하나 이 시기는 품질 면에서는 유리하지 않다.
- 고랭지 당근은 가격이 하락할 경우 포장에서 수확하지 않고 장기적으로 방치하는 경우가 있으며, 이때 뿌리는 커지나 품질이 나빠지고 뿌리 표면이 거칠어지며 열근 부패율이 증가한다.

✚ 하우스 재배

- 빠르면 4월 하순부터 수확이 가능하나 일반적으로 5~6월에 수확이 완료된다.
- 검은잎마름병의 피해는 적으나 토양 유래 병이 많이 발생한다.
- 아침 일찍 당근을 뽑아 규격에 따라 상, 중, 하로 구분하여 박스에 포장하여 출하한다.

3. 선별 및 포장

✚ 선별과 등급

- 수확 후 밭에서 수작업으로 잎을 뿌리로부터 1cm 이하로 자른다.
- 흙과 수염뿌리를 제거한 후 흙당근/세척당근 상태로 품위, 크기별로 특, 상, 보통 등급으로 구분한다.
- 선별 시 당근의 등급 규격을 참고한다.

표 2. 당근의 등급 규격_특급

구 분	특 성
낱개 고르기	무게 구분표(표 5)에서 무게가 다른 것이 10% 이하인 것
색 택	품종 고유의 색택이 뛰어난 것
모 양	표면이 매끈하고 꼬리 부위의 비대가 양호한 것
손 질	잎은 1cm 이하로 자르고 흙과 수염뿌리를 제거한 것
중결점	없는 것
경결점	5% 이하인 것

출처: 국립농산물품질관리원('12)

표 3. 당근의 등급 규격_중급

구 분	특 성
낱개 고르기	무게 구분표(표 5)에서 무게가 다른 것이 20% 이하인 것
색 택	품종 고유의 색택이 양호한 것
모 양	표면이 매끈하고 꼬리 부위의 비대가 양호한 것
손 질	잎은 1cm 이하로 자르고 흙과 수염뿌리를 제거한 것
중결점	없는 것
경결점	10% 이하인 것

출처: 국립농산물품질관리원('12)

표 4. 당근의 등급 규격_보통급

구 분	특 성
낱개 고르기	특 · 상에 미달하는 것
색 택	특 · 상에 미달하는 것
모 양	특 · 상에 미달하는 것
손 질	잎은 1cm 이하로 자른 것
중결점	5% 이하인 것(부패 · 변질된 것은 포함할 수 없음)
경결점	20% 이하인 것

출처: 국립농산물품질관리원('12)

표 5. 무게 구분

구 분	호 칭			
	2L	L	M	S
1개의 무게(g)	250 이상	200~250	150~200	100~150

······ *용어의 정의* ···

● 낱개 고르기: 포장 단위별로 전체 당근 중 무게 구분표(표 5)에서 무게가 다른 개수의 비율
● 중결점: 뿌리가 부패 또는 변질된 것, 병충해 및 냉해의 피해가 있는 것, 부러지거나 심하게 굽은 것, 바람이 들거나 녹변이 심한 것, 원뿌리가 2개 이상이거나 쪼개진 것
● 경결점: 품종 고유의 모양이 아닌 것, 병해충 피해가 외피에 그친 것, 상해 및 기타 결점의 정도가 경미한 것

✚ 포장

• 세척당근

  – 속포장: 1kg, 2kg, 5kg 단위, PE 포장필름으로 포장

  – 겉포장: 10kg, 20kg 단위, 합성수지대 또는 골판지 상자에 포장

• 보통 흙당근 90%, 세척당근 10%로 유통되고 있었으나 최근 선별 세척한 뒤 소포장된 당근의 유통비중이 급속히 증가하고 있다.

당근 선별 및 포장

Ⅱ. 수확 후 관리

1. 처리 및 유통기술

- 당근은 유통 중 상당한 양이 부패하므로 수확 후 가능한 빨리 상처가 나지 않도록 냉수로 세척하여 청결을 유지하는 것이 중요하다.
- 냉수세척(수냉식 예냉)은 토양에서 오염된 부패균을 제거하고 품온을 빨리 떨어트려 신선도 유지에 도움을 준다.
- 인력으로 하는 경우 시간과 노력이 많이 소요되므로 적절한 세척기를 이용하는 것이 좋다.
- 당근 세척 후 저온저장고와 같이 서늘하고 통풍이 잘되는 곳에서 대형 환풍기를 이용해 건조시킨다.
- 이때 당근을 한 상자에 너무 많이 쌓아놓지 않는 것이 좋다.

2. 저장기술

당근은 원예작물 중 비교적 저장력이 뛰어나 병원균에 감염되지 않고 적당한 조건에서 저장시킬 경우 6~8개월까지 품질이 유지될 수 있다.

✚ 저장조건

- 온도범위: −1 ± 0.5℃ 범위 유지
- 습도: 상대습도 90~95% 정도 유지
- 저장 중 건조에 의한 중량 손실량이 크므로, 세척 후 며칠 이내에

출하할 경우를 제외하고 저장고 내 상대습도에 각별히 신경을 써
야한다.

• 저장 중 8% 이상 중량감소가 되면 상품성을 잃게 되는 것으로 알
려져 있다.

• 현재 농가의 콘크리트 구조의 저온저장고들은 습도를 높게 유지하
는 것이 어려우므로 초음파식 가습기를 설치하거나 PE필름(Poly-
ethylene Film)을 이용해 상자나 팔레트 단위로 포장하여 저장한다.

저장고 내 당근 저장

✚ 저장방법

• MA(Modified Atmosphere) 저장

－ PE필름 등으로 간단히 포장하며 포장 내 산소 농도는 감소하고
이산화탄소는 증가하여 작물의 호흡작용을 억제시킨다.

－ 포장 내 습도를 높게 유지시켜 증산작용을 억제시킨다.

－ 포장된 당근을 저온(0~-1℃)에 두면 생물학적, 생화학적 활성
을 낮추어 좋은 품질을 유지할 수 있다.

－ 천공이 없는 0.03mm 두께 필름이 가장 좋다.

- CA(Controlled Atmosphere) 저장
  - MA 포장과는 달리 저장고의 공기조성을 인위적으로 조절해주는 방식이다.
  - 산소 1~2%, 이산화탄소 3~4% 정도가 당근의 저장수명 연장에 효과적이라는 연구 결과가 있다.
  - 이산화탄소가 너무 낮으면(1% 이하) 부패가 촉진되고 5% 이상에서는 표면이 흐물흐물해지며 갈색 반점이 생기므로 주의한다.

✚ 저장병

저장병은 재배과정에서 이미 감염되어 저장 중 증상이 심해지는 경우가 대부분이므로 재배과정에서의 방제가 중요하다.

- 잿빛곰팡이병
  - 감염부위에 수침상이 나타나고 회색~회갈색의 포자가 발견된다.
  - 0.3~35℃까지 활동범위가 매우 넓다.
- 균핵병
  - 색깔의 변화 없이 물러지는 특성이 있으며 흰색의 균사와 쥐똥 같은 균핵이 관찰된다.
  - 20℃가 생육적온이며, 5℃ 이하의 저온에서는 활력이 저하되므로 저장고 온도관리가 중요하다.
- 관부썩음병
  - 지하부와 지상부 경계부위가 검게 썩기 시작하고 심하면 연갈색의 균사가 발생한다.

국내 유기농업에 허용되는 자재 목록 (개정 2012.7.4)

표 1. 토양개량과 작물생육을 위하여 사용이 가능한 자재

사용가능 자재	사용가능 조건
○ 농장 및 가금류의 퇴구비	○ 농촌진흥청장이 고시한 품질규격에 적합할 것
○ 퇴비화 된 가축배설물	
○ 건조된 농장퇴구비 및 탈수한 가금퇴구비	○ 지렁이 양식용 자재는 이 목(1) 및 (2)에서 사용이 가능한 것으로 규정된 자재만을 사용할 것
○ 식물 또는 식물잔류물로 만든 퇴비	
○ 버섯재배 및 지렁이 양식에서 생긴 퇴비	
○ 지렁이 또는 곤충으로부터 온 부식토	○ 슬러지류를 먹이로 하는 것이 아닐 것
○ 식품 및 섬유공장의 유기적 부산물	○ 합성첨가물이 포함되어 있지 아니할 것
○ 유기농장 부산물로 만든 비료	
○ 혈분·육분·골분·깃털분 등 도축장과 수산물 가공공장에서 나온 동물부산물	
○ 대두박, 미강유박, 깻묵 등 식물성 유박류	
○ 제당산업의 부산물(당밀, 비나스(Vinasse), 식품등급의 설탕, 포도당 포함)	○ 유해 화합물질로 처리되지 아니할 것
○ 유기농업에서 유래한 재료를 가공하는 산업의 부산물	
○ 이탄(Peat)	
○ 피트모스(토탄) 및 피트모스추출물	
○ 오줌	○ 적절한 발효와 희석을 거쳐 냄새 등을 제거한 후 사용할 것
○ 사람의 배설물	○ 완전히 발효되어 부숙된 것일 것
	○ 고온발효: 50℃ 이상에서 7일 이상 발효된 것
	○ 저온발효: 6개월 이상 발효된 것
	○ 직접 먹는 농산물에 사용금지
○ 해조류, 해조류 추출물, 해조류 퇴적물	
○ 벌레 등 자연적으로 생긴 유기체	
○ 미생물 및 미생물추출물	
○ 구아노(Guano)	
○ 짚, 왕겨 및 산야초	

○ 톱밥, 나무껍질 및 목재 부스러기	○ 폐가구 목재의 톱밥 및 부스러기가 포함되어 있지 아니할 것
○ 나무숯 및 나뭇재	
○ 황산가리 또는 황산가리고토(랑베나이트 포함)	○ 천연에서 유래하여야 하며, 단순 물리적으로 가공한 것에 한함
○ 석회소다 염화물	○ 사람의 건강 또는 농업환경에 위해요소로 작용하는 광물질(예: 석면광, 수은광 등)은 사용할 수 없음
○ 석회질 마그네슘 암석	
○ 마그네슘 암석	
○ 황산마그네슘(사리염) 및 천연석고(황산칼슘)	
○ 석회석 등 자연산 탄산칼슘	
○ 점토광물(벤토나이트 · 펄라이트 및 제올라이트 일라이트 등)	
○ 질석(풍화한 흑운모: Vermiculite)	
○ 붕소 · 철 · 망간 · 구리 · 몰리브덴 및 아연 등 미량원소	
○ 칼륨암석 및 채굴된 칼륨염	○ 합성공정을 거치지 아니하여야 하고 합성비료가 첨가되지 아니하여야 하며, 염소 함량이 60% 미만일 것
○ 천연 인광석 및 인산알루미늄칼슘	○ 물리적 공정으로 제조된 것이어야 하며, 인을 오산화인(P_2O_5)으로 환산하여 1kg 중 카드뮴이 90mg/kg 이하일 것
○ 자연암석분말 · 분쇄석 또는 그 용액	○ 화학합성물질로 용해한 것이 아닐 것
○ 베이직슬래그(鑛滓)	○ 광물의 제련과정으로부터 유래한 것
○ 황	
○ 스틸리지 및 스틸리지추출물(암모니아 스틸리지는 제외한다)	
○ 염화나트륨(소금)	○ 채굴한 염 또는 천일염일 것
○ 목초액	○ 「산림자원의 조성 및 관리에 관한 법률」에 따라 국립산림과학원장이 고시한 규격 및 품질 등에 적합할 것
○ 키토산	○ 농촌진흥청장이 정하여 고시한 품질규격에 적합할 것
○ 그 밖의 자재	○ 국제식품규격위원회(CODEX) 등 유기농 관련 국제기준에서 토양개량과 작물생육을 위하여 사용이 허용된 자재로서 농촌진흥청장이 인정하여 고시하는 물질

표 2. 병해충 관리를 위하여 사용이 가능한 자재

사용이 가능한 자재	사용 가능 조건
(가) 식물과 동물	
○ 제충국 추출물	○ 제충국(Chrysanthemum cinerariaefolium)에서 추출된 천연물질일 것
○ 데리스(Derris) 추출물	○ 데리스(Derris spp., Lonchocarpus spp. 및 Terphrosia spp.)에서 추출된 천연물질일 것
○ 쿠아시아(Quassia) 추출물	○ 쿠아시아(Quassia amara)에서 추출된 천연물질일 것
○ 라이아니아(Ryania) 추출물	○ 라이아니아(Ryania speciosa)에서 추출된 천연물질일 것
○ 님(Neem) 추출물	○ 님(Azadirachta indica)에서 추출된 천연물질일 것
○ 밀랍(Propolis)	
○ 동·식물성 오일	
○ 해조류·해조류가루·해조류추출액·해수 및 천일염	○ 화학적으로 처리되지 아니한 것일 것
○ 젤라틴	○ 크롬(Cr)처리 등 화학적 공정을 거치지 아니한 것일 것
○ 인지질(레시틴)	
○ 난황(卵黃)	
○ 카제인(유단백질)	
○ 식초 등 천연산	○ 화학적으로 처리되지 아니한 것일 것
○ 누룩곰팡이(Aspergillus)의 발효생산물	
○ 버섯 추출액	
○ 클로렐라 추출액	
○ 목초액	○「산림자원의 조성 및 관리에 관한 법률」에 따라 국립산림과학원장이 고시한 규격 및 품질 등에 적합할 것
○ 천연식물에서 추출한 제제 · 천연약초, 한약재	
○ 담배차(순수니코틴은 제외)	
○ 키토산	○ 농촌진흥청장이 정하여 고시한 품질규격에 적합할 것
(나) 광물질	
○ 구리염	
○ 보르도액	
○ 수산화동	
○ 산염화동	

○ 부르고뉴액	
○ 생석회(산화칼슘) 및 수산화칼슘	○ 보르도액 및 석회유황합제 제조용에 한함
○ 유황	
○ 규산염	○ 천연에서 유래하거나, 이를 단순 물리적으로 가공한 것에 한함
○ 규산나트륨	
○ 규조토	
○ 벤토나이트	
○ 맥반석 등 광물질 분말	
○ 중탄산나트륨 및 중탄산칼륨	
○ 과망간산칼륨	
○ 탄산칼슘	
○ 인산철	○ 달팽이 관리용으로 사용하는 것에 한함
○ 파라핀 오일	

(다) 생물학적 병해충 관리를 위하여 사용되는 자재

○ 미생물 및 미생물 추출물	
○ 천적	

(라) 덫

○ 성유인물질(페로몬)	○ 작물에 직접 살포하지 아니할 것
○ 메타알데하이드	

(마) 기타

○ 이산화탄소 및 질소가스	
○ 비눗물	○ 화학합성비누 및 합성세제는 사용하지 아니할 것
○ 에틸알콜	○ 발효주정일 것
○ 동종요법 및 아유르베다식(Ayurvedic) 제제	
○ 향신료 · 생체역학적 제제 및 기피식물	
○ 웅성불임곤충	
○ 기계유	
○ 그 밖의 자재	○ 국제식품규격위원회(CODEX) 등 유기농 관련 국제 기준에서 병해충 관리를 위하여 사용이 허용된 자재로 농촌진흥청장이 인정하여 고시하는 물질